人生即修行
且行且珍惜

人生即修行
且行且珍惜

潮起潮落，人生起伏，人都有过得志和失意的时候。有一种泰山崩于前而面不改色心不跳的神态，那么这种人生境界就太值得称颂了。

其实，修行并不是一件多严肃、很难做到的事情，实际上，修行的方法很多，而且在任何时候都可行，其旨要就是觉察。要知道，在扫地时，吃饭时，行住坐卧都可行，甚至是工作休闲游玩也都可行，只要我们能当下觉察自己，了解自己的行为、语言、思想，能够清清楚楚地明白自己在做什么，这都是修的正行。就好比诚信，就是人与人交往的修行。

人生即修行
且行且珍惜

修好一颗心，做最幸福的人。早一点开悟，早一点自在。

李世化◎编著

瑞孙恩杨/画

企业管理出版社
EMPH ENTERPRISE MANAGEMENT PUBLISHING HOUSE

图书在版编目（CIP）数据

人生即修行　且行且珍惜 / 李世化编著 . -- 北京：
企业管理出版社 , 2014.10

ISBN 978-7-5164-0944-2

Ⅰ . ①人… Ⅱ . ①李… Ⅲ . ①人生哲学－通俗读物
Ⅳ . ① B821-49

中国版本图书馆 CIP 数据核字 (2014) 第 223782 号

书　　名：	人生即修行　且行且珍惜	
作　　者：	李世化	
责任编辑：	杨苏敏	
书　　号：	ISBN 978-7-5164-0944-2	
出版发行：	企业管理出版社	
地　　址：	北京市海淀区紫竹院南路 17 号	邮编 :100048
网　　址：	http://www.emph.cn	
电　　话：	总编室 68701719　发行部 68467871　编辑部 68701408	
电子邮箱：	80147@sina.com　　　zbs@emph.cn	
印　　刷：	北京嘉业印刷厂	
经　　销：	新华书店	
规　　格：	170 毫米 ×240 毫米　　16 开本　　17 印张　　190 千字	
版　　次：	2014 年 11 月第 1 版　　　2014 年 11 月第 1 次印刷	
定　　价：	38.00 元	

前言

　　人生就是一个修行的过程，成功的人生离不开修行。正如圣人孟子所说："天将降大任于斯人也，必先苦其心志，劳其筋骨，饿其体肤……"也就是说，无论是谁，要想实现梦想，改变命运，拥有幸福美满的人生，都必须脚踏实地地进行自我修行。

　　我们在成长与学习的过程当中，必定会遭遇到种种风霜雨露的淬炼。如果我们只是一味喜欢阳光灿烂，却害怕雨雪冷凉，只做温室的花朵，不愿做苍松翠柏，就必定无法拥有精彩的人生。若要使人生精彩丰富，就得与种种境界奋斗，在逆境当中学得一身本领。

　　佛经中说，人身难得，既然生而为人，就是一个修行的机遇。人性拥有太多的弱点，人世也有太多的诱惑，以至于我们往往轻易地就迷失了自己的心性，这都要求我们在人生道路上勤加修炼，让自己不会迷失。

　　说到修行，其实生活在这个世间的每个人每天都在修行，只是修行的层次不同。人们追逐着时间与名利，追赶着潮流与时尚，虽然身心俱疲，却乐在其中，这是修行。你天天想着害人，想着占别人的便宜，这也是在修行，修的是恶行，也终将得恶报。而一个一心利他的人，是在修善行，就必得善报，这也是自然规律。

　　修行有很多的好处，现代人的生活节奏快捷，内心浮躁，都应该好好地修修。也许有的人认为自己很快乐，就不需要修行了。其实这种认识是错误的，因为我们的快乐是有条件的，必须在很适合的环境下才能得到，如果遭遇外在的打击，很容易就会被破坏掉。这就像一个身体不好的人，只有在春天才会感到温暖，而在寒冷的冬天与炎热的夏天就会感到不安、躁动。所以，很多人在条件环境变化的情况下，就会感到烦恼与不安。就是因为我们的快乐是短暂而受约束很大，我们才需要通过了解自我而达到快乐平和，使我们的快乐少受环境条件的约束，能保持得长久。

　　修行并不是一件多严肃、很难做到的事情，实际上，修行的方法很多，而且在任何时候都可行，其旨要就是觉察。要知道，在扫地时，吃饭时，行住坐卧都可行，甚至是工作休闲游玩也都可行，只要我们能当下觉察自己，了解自己的行为、语言、思想，能够清清楚楚地明白自己在做什么，这都是修的正行。就好比诚信，就是人与人交往的修行。

　　可以说，修行是在每一时每一地的，只要能保持觉察不松懈，这就是很好的修行了。人生抉择，是举足轻重的，有些事可以做，有些事不能做，你一定要分清，只有这样，才能正确地认识自己、努力提高自己、不断完善自己。

　　正如有句话说的："不但要在艰苦的、困难的以及失败的革命实践中来锻炼自己，加紧自己的修养，而且要在顺利的、成功的、胜利的革命实践中来锻炼自己，加紧自己的修养。"人生路上，需要我们时时、事事、处处修炼自己，才能赢得成功的自信，把握自己人生的命运。

目 录
PREFACE

第一章　成长是一个不断充实自我的过程

　　人生是一个不折不扣的过程，一个成长过程。人一生得到的和留下的是一直奋斗、不断充实自我的价值。成长有价，不仅因为文王被拘而写《周易》，仲尼颠沛流离而作《春秋》；也因为司马迁受宫刑而有《史记》，曹雪芹十删十改而成《红楼梦》；更因为它向人们昭示了只有曲折的道路上才能走出不屈的人生。

　　痛苦是成长价值的根源，学习是成长价值的孕育，苦难是成长价值的珍藏，成功是成长价值的体现。人生是价值的凝聚，成长有价，人生无价。

第二章 朋友是一种和我们并肩平行的 "直线

如果说人生是一场修行，那么朋友就是修行路上与你一路同行的人，可以相互扶持、互相依靠，所以，拥有真诚的朋友是人生一大幸事。朋友，和我们就好比是两条平行直线，虽然相互独立，也有距离，可它们却会在一定的距离范围内，永不相离，这就是距离的美，也能直达永远，无论什么时候都能够找到对方说说心里话，诉说生活的苦与痛，分享彼此的快乐。

第三章 心灵美是一种能够引起共鸣的和谐

　　爱美之心，人皆有之，心灵美是人一生中所必不可少的修行。每个人都追求美，出众的外貌，美丽新潮的服饰，潇洒、婀娜的风度，都可令人倾倒，但那些发自心灵深处的内在美，却更能在人们心底留下烙印。心，是个没有刻度的容器，可大可小。心灵美的人，人们往往能从他及他平常的一言一行中，从他对人生、对社会、对他人以及对自己的思想感情和态度中看到他的魅力。一个人流露在外的美往往能迷惑人的眼睛，而内在美却可以深深打动人的内心。

第四章 气质是一种看不到的尊贵

在现实生活中，气质是有形也是无形的。它是一种看不到的尊贵，能紧紧的拴住人们的感官，给人留下难以磨灭的印象。无论是男人还是女人，只要他或她拥有了气质，就能散发出一种迷人且持久的魅力。气质的魅力是持久的，不会因为时间的推移而年长色衰，也不会因为失去华服豪饰而掉色。它就像一位雕刻师，在人们的生活中一点点的雕琢着人们本身。而气质之美，靠的是形外真挚的表现，以及内在质朴的心灵！

第五章　财富不能准确衡量一个人的价值

财富和富有，说到底是一种自身的心态和价值取向。有些人有很多钱，但并不感到幸福。

第六章 事业是一次不断调整方向的航行

　　拥有成功的事业是每一位有志之士的伟大梦想。有梦，就有希望，但如果在前进的路上，事业之舟偏离了航向，做出错误的决策，梦将永远只是一个梦。所以，在人生路上，要善于调整自己事业的航向，不要让你的事业成为一场空梦。

第七章 爱情是一串没有结局的省略号

每个人都渴望真正的爱情。其实，爱情本来就很朦胧，它是两个人彼此的关心，彼此的惦念，无论什么时候都把心放在对方的心中，这样才是真正的爱。爱情靠的是缘分，两个人在一起真的是很需要缘分，既然你决定和他（她）相守，就需要用点智慧好好的经营你们的爱情。真正的爱情并不一定是他人眼中的完美匹配 ，而是相爱的人彼此心灵的相互契合。人可以老化，但是不能腐化，爱情可以老化，但是不能淡化，正因为如此，爱情是一串没有结局的省略号。

第八章 婚姻是一个圈住自己隔开别人的圆

钱钟书在《围城》一书中，把走进婚姻的青年男女贴切地形容为走进了围城。走进了围城，人也就完成了一生中的重要转变，使本是固若金汤的围城成为一片无遮拦之地，成了男女之间自由走出的自由之门。这个围城圈住了自己隔开了别人。无疑，美满的婚姻是人生中的一次正确选择，它会为人生的发展与开拓提供坚固的后方保障，但与此相反，失败的婚姻则是人生中的一场噩梦，带给人的更多是痛苦。经营好婚姻这道围城既是一门艺术，也是人生修行中升华的途径，需要双方共同努力，尤其是包容与忍让的智慧。

第九章 家庭是一盆需要精心操持的盆景

"幸福的家庭总是相似的。"这句名言是我们都耳熟能详的，在它的背后其实还藏着这样一个道理：家庭幸福是有规律的。只要你掌握了其中的规律，将家庭当成一盆需要精心操持的盆景，那么，想要营造一个幸福的家，并非难事。

第一章
成长是一个不断充实自我的过程

　　人生是一个不折不扣的过程，一个成长过程。人一生得到的和留下的是一直奋斗、不断充实自我的价值。

　　成长有价。不仅因为文王被拘而写《周易》，仲尼颠沛流离而作《春秋》，也因为司马迁受宫刑而有《史记》，曹雪芹十删十改而成《红楼梦》，更因为它向人们昭示了只有曲折的道路上才能走出不屈的人生。

　　痛苦是成长价值的根源，学习是成长价值的孕育，苦难是成长价值的珍藏，成功是成长价值的体现。人生是价值的凝聚，成长有价，人生无价。

学习是人生不变的主题

人的最大优势、最大本领，就在于我们可以通过学习加强自身。正是因为有着这种模仿进化基础上的学习能力，我们才能优于一般动物，成为有思想、有语言、有智慧的"人"。因此，在贯穿人的一生的成长过程中，不会学习就等于不会进化，拒绝学习就等于拒绝进步。一般而言，人与生俱来的天赋能力是相差无几的，关键的关键在于后天的学习。成功的人生，必定伴随着成功的学习。学习决定人生的成败。

这个世界，每时每刻都在更新，已经没有一本万利的知识，我们需要时时适应新的环境，所以，一个人的一生都是在不断地学习中度过的，人要想不断的进步，就得活到老、学到老，学习是人生不变的主题。

常言道："书山有路勤为径，学海无涯苦作舟。"人类有几千年积累下来的知识文化，要说在短时间内学完那肯定是不可能的。尤其在当今这个时代，世界在飞速发展，知识更新的速度日益加快，过去所学习的知识，会很快过时。据说，当今世界九成以上的知识是近三十年产生的，现在一个人一年的信息接收量相当于17世纪英国一个农场主17年的阅读量的总和。一个人如果不及时更新自己的知识，他的能力就会像蓄电池一样，随着时间而逐渐流失。因此，面对这千变万化的世界，就更需要我们持有终身学习的态度。

所谓终身学习，顾名思义，讲的是人一生都要学习。从幼年、少年、青年、中年直至老年，学习将伴随人的整个生活历程并影响人一生的发展。

我国伟大的领袖毛主席就常说："饭可以少吃，觉可以少睡，书不可以不读。""你学到一百岁，人家替你做寿，你还是不可能说'我已经学完了'，因为你再活一天，就能再学一天。"

钱伟长院士90高龄之时，仍然头脑清晰、思维活跃，而且仍然孜孜不倦地学习。

他的口头禅是"活到老，学到老，做到老"。他认为，只有不断地学习，他的知识才不会老化，才能跟上时代的步伐。正因如此，他在36岁学力学，44岁学俄语，58岁学电池知识，而学计算机是在64岁以后，虽然操作不像年轻人那么灵活，但也能操作自如。他把自己的自学时间安排在晚上9点到12点，因为这时候最安静，可以安安静静地自学，获得自己所不懂的东西。

说来令人难以置信，为了保持自己的这种自学劲头，钱伟长70岁以前家里没有电视机，直到后来，在晚辈的强烈要求下才购置了彩电。这是因为他是个铁杆"体育迷"，特别爱看足球、乒乓球比赛的转播，他生怕看电视耽误了自学和工作。

人就是在不断地学习中发展和壮大起来的，比起到了90岁仍能坚持学习不断更新自己知识的钱伟长院士，大部分的人都还很"年轻"，现在开始学习，依然不晚。要知道，知识就是力量，只要你坚持不懈地学习，你知道得越多，你就越有力量。

事实上，越是勤于学习的人，越学越知自己的不足。如果我们停滞不前，不去吸取新的知识，那么很快就会落伍，会被这个时代抛弃。所以，无论在何时何地，我们都不要忘记给自己充充电，否则难以生存下去。

而且，学习永远都不存在早晚的问题，它贯穿人的一生，对我们的成长和事业的发展是非常有价值的。因此，不论你是什么年龄，学习都同样重要。在学习面前永远没有"晚"这个概念。

春秋末期晋国的君主晋平公，在晚年的时候想学一些知识，可是觉得自己年纪大了，有些忐忑。一天，他问乐师师旷说："我现在已经70多岁了，很想学些知识，会不会太晚？"师旷回答："既然晚了，为什么不点蜡烛呢？"晋平公大怒："身为臣子居然这样戏弄君王！"师旷于是解释："我曾听人说过，少年时爱好学习，就像日出的光芒；壮年时爱好学习，就像太阳升到天空时那样明亮；到老年时还能爱好学习，就像点燃蜡烛发出的光亮。蜡烛的亮光虽然微弱，但同没有烛光在昏暗中愚昧地行动相比较，哪一个更好一些呢？"晋平公听了，恍然大悟："原来如此！我明白了。"

这个例子告诉我们：学习是一生的事情，不论你是少年、青年、中年或者老年，在什么时间开始都不晚，而你一旦停止了学习，就意味着你随时有可能被别人超越。

许多人从学校毕业后迈进了社会就失去继续学习进修的心，因此他们也很难再有什么进步。他们饱食终日，无所用心，每一天都在重复着自己，今天的你跟昨天的你一样，前天的你跟昨天的你一样，很难往前走一步。

相反，一些在学生时代并不显眼，但到社会后可以勤勉踏实地进修，自动学习应学之事的人，一般都会有长足的进步。他们可以不断加强自身，一个劲地往前冲，经过1年、2年，甚至10年、20年、30年，积攒成与其时间相称的实力，成为笑到最后的人。

要知道，我们的工作、生活每天都会有新的情况，面临新的挑战，我们每天都要面对新的事物，学习与生活相伴，这就需要我们不断地学习，不断地充实自己。无止境地学习，是每一个智者所必需的，在学习上不能有厌足之心。

不懂人情世故的人生，走不远

在这个世界上，有才华的"穷人"随处可见，他们才高八斗、学富五车，却又一事无成；而许多看上去并没有什么才华的人却能功成名就、春风得意，为什么二者的人生竟会如此不同？究其原因，就是"人情世故"四个字！在某种程度上说，这四个字能决定一个人的一生是飞黄腾达，还是穷困潦倒！

随着现代科技的发展，人与人之间的通信越来越便捷，现在有许多人都发出这样的感慨："我宁愿每天面对电脑，也不喜欢跟人说话。""我不知道跟别人说什么好，好像没什么可说的。"好像与人打交道已经成为一件无比痛苦的事情。

走入社会，如果不懂得一些处世方圆之道，不懂得一些人情世故，光靠保持校园里的率直和纯真，就想处理好所有的社会关系，那么，在成功的道路上必定是要走很多弯路的。

懂得人情世故，并不是要让你刻意迎合、拍马屁。我们每个人都生活在这种复杂的社会关系中，人与人之间不可避免地有所交流，与人相处，你不可能完完全全的"做你自己"。也许你不喜欢那些"虚伪""会来事""随声附和"的人，但你不得不承认这些人确实在社会中比你这个"直肠子"更招人喜欢。

其实这些人情世故在我们小的时候，父母就已经慢慢地告诉我们了。如他们经常告诫我们说："好吃的东西不要一个人独吞，要适当分给大家一些，否则小伙伴就不跟你一起玩，以后有了好处也不会想起你的"。

道理很浅显，几乎在我们生活中随处可见，但要一直做到却也并非易事。只有懂得了这个道理，我们才能顿悟成功人物之所以成功的原因。比如，小朋友聚在一起做游戏，其中一个孩子肚子饿了，就从包里拿出好吃的糕点，正好被大家看到，他可以选择分一些给大家，或者自己独吞，不同的选择能导致截然不同的结果。

1. 分给大家。小伙伴因为得到好吃的，都很喜欢他、拥护他，他得以在这群同龄人中脱颖而出，成为这个小团体中的领袖，将来拥有很强的号召力。

2. 自己独吞。旁若无人地自己吃，大家都会拿他当小气鬼，以后没人跟他玩。他失去了一个在团队中当头狼的机会，而且失去了团队的信任，顺着这个轨迹成长，他将来很可能就是普通人。

很多时候，我们一个不经意的选择，就决定我们的一生。人与人之间的相处，并不是只有单项选择——有你没他或是有他没你，而是可以多项选择的，可以达到双赢。但许多人都不明白，在必要时让一步，才能海阔天空。

小梁是一个聪明自信的年轻人，在长辈的帮助下，他跳槽到一家大公司做销售业务员，想利用三四年时间进入公司的管理层。这天，这位长辈又为他引见一位行业中的 "高人"——公司的元老赵某。赵某虽然学历不高，但他的工作经验非常丰富，一直管理着某个车间的生产工作，这对刚进公司的小梁有很大的帮助，所以长辈希望赵某能带带他。

在聊天的过程中，小梁发现长辈找的这位"高人"高得有限：他对生产方面内行，但对市场和管理似乎并不太懂；他所说的行业内的信息，在网上随处可见，而且有些还是行业内的过期新闻。于是急于表现自己的小梁，每次在赵某话说到一半时，就会插话，或是打断他的话。赵某吸了一口烟，神秘地对他说："据内部消息透漏，公司今年年底要进军西部市场，小梁可要好好干……"没等他把话说完，小梁马上接过话题，"这个消息我已经在网上看到过了……"接着开始分析西部市场有多大，公司应该怎么做，把自己从网上看到的信息全部显摆出来。看到赵某说不出话来，他还洋洋得意。

长辈在桌子下面"踢"了他好几脚，而赵某已经是面色铁青。吃完饭，原打算带小梁去车间参观学习的赵某却因为"突然想起还有点事要处理"就匆匆离席了。

赵某走后，长辈开始教训小梁："人家有几十年的行业经验，他在你面前展示他的能耐，你要懂得给他留面子，别老想着表现自己！"

其实，小梁也并不是有意要表现自己贬低他人，不过是自己有什么想法就说出来，不懂得拐弯抹角，更不懂得奉承和讨好。他想不明白人际关系的复杂，不懂人情世故，甚至还得意于自己的清高，"我才不喜欢巴结别人呢！""我最讨厌那些拍马屁的人了。"也许你认为，不要管别人对自己怎样，只要做自己就行，那样你永远只能活在自己的世界中，在这个群体世界是很难得到别人认可的。

那么，我们怎样去弄懂人情世故，实际上，懂得人情世故，就需要注意下面三点：

1. 尊重他人，理解他人

在这个世界上，没有一个人愿意与不尊重自己的人交往。但现实中，有很多人仗着自己家境的富有，或受领导器重，或自身能力比别人强或是容貌优势，便目中无人。比如，有的人喜欢给别人起绰号、探听别人的隐私，或是戳别人的痛处、随意更改别人的意见等。这样的人很难获得别人的好感，更别说得到别人的帮助了。

2. 放下清高，让自己稍微"俗"一点

即使不同意别人的观点，发表不同意见时也要含蓄、谦虚一点；如果你坚持要清高，那么你至少要懂得尊重别人，你可以不同意别人的说法，但要尊重别人说话的权利。

你不用刻意奉承别人，但一定要学会真心地赞美和欣赏别人；你不一定非要请客送礼，但你至少不要吝啬自己的微笑；你不需要非要说那些言不由衷的话，但一定要懂得尊重别人的感受。

3. 改变"世界以我为中心"的想法

很多人在步入社会后，对周围人的关怀和帮助理所当然地接受，他们傲慢、自负，甚至瞧不起条件不如自己的人，这样时间一长，他们便慢慢将自己孤立起来了。

综上所述，做人要懂得人情世故，路径窄处，留一步与人行；滋味浓时，减三分让人尝。不懂人情世故，在成功道路上走不远。

承受不起生的痛苦，怎能得到生的快乐

孟子曰："天将降大任于斯人也，必先苦其心志，劳其筋骨……"只有经历过生的痛苦，最后才能收获生的快乐。痛苦，是每个人必不可少的情感经历。当我们在回首过去的时候，最让人无法忘怀的，往往不是那一瞬间的愉悦，而是那刻骨铭心的痛苦。它是促使我们走向成熟的动力，有起有落，才是真正的人生。要懂得承受痛苦，在痛苦中一步步前进，取得最终的胜利。

每个人的一生，都曾有过幸福和快乐，也会历练坎坷和挫折。我们总是感觉在幸福快乐时，时间短暂；而痛苦难过时，度日如年。快乐和痛苦本来就是一对孪生子，痛苦往往是伴随着快乐并存的。会享受快乐，也要学会承受痛苦，享受快乐会增加你的成就感，承受痛苦则会提高你的自信心和忍耐力。如果承受不起生的痛苦，又怎能得到生的快乐。

下面是阐述痛苦和快乐关系的一个小故事：

智者问："快乐是什么？"

年轻人回答："快乐就是一种开心、满意的感受。"

智者又问："痛苦又是什么？"

年轻人回答："与快乐相反，是一种苦楚、悲痛的感受。"

智者接着问："那么现在给你一个选择的机会，在两者之间你将作出怎样的选择？"

年轻人不假思索地回答："如果可以选择的话，那么我希望人生在世的 365 个白昼和黑夜都是快乐的。"

智者最后问："在任何时候、条件和情况下，你都会作出这样的选择吗？"

年轻人毫不犹豫地回答："当然。"

"那么现在我将给你 365 个昼夜的痛苦，在这期间你可以选择快乐。"

智者说完最后的话语就飘然离去，留下年轻人呆立在原地，表情茫然而不知所措。

从上面的对话中可以看出，快乐和痛苦是相生相克的，有快乐就必然会有痛苦，恒久不变的快乐是可遇而不可求的。因此，一味地追求快乐或者沉溺在痛苦中无法自拔都是不可取的人生态度。苦尽甘来、乐极生悲说明的正是这个道理。

"痛苦"与"快乐"水火不容，却又相生相伴，那么，你是否尝试过在痛苦中学会快乐呢？

当我们遇到坎坷、挫折时，也许你会因为失败而痛苦，沉溺于失败的陷阱中，我们一遍遍地问自己："为什么总是失败？为什么别人能成功？"其实，换个角度看，也能从中发掘出许多快乐：这次的失败是为我下一次的成功作了更好的准备，谁不是从失败中一步一步走向成功？面对失败，走出痛苦，不悲观失望，不长吁短叹，不停滞不前，把它作为人生中的历练。这样，你就会看见前方的路更加平坦，天空更加辽远，风景更加迷人。

所谓 "塞翁失马，焉知非福？"从某方面说，挫折对我们来说是一件历练意志的好事。因为，唯有挫折与困境，才能使一个人变得坚强。也许你会因为失去而痛苦，但有得必有失，有失也有得。没有失去，人们又怎么会懂得珍惜？

生活是一门实践科学，不管是谁，要想学会走路，就必须忍受摔倒的痛苦。没有实践就没有阅历，没有阅历也就缺乏对生活的认知，当然就无法用正确的生活态度去指导行为。可以说，生活中的经历，没有一件是多余的、无所谓的。我们所有现在的判断、决策都是在以前的历练中积累而成的，这种历练往往伴随着痛苦。

痛苦是人众多情感中的一种，没有痛苦，我们就不能更好地感知生活。痛苦虽然让我们感觉到痛，但它并没有什么不好，相反正是人情感成熟的必由之路。没有人能一直快乐，人们其实只是在追求快乐的过程中得到快乐的。而这种感觉一旦得到，人的快乐感觉就会失去，真正让人不能忘怀的是追求快乐的过程中人们的种种经历，这时候痛苦也会变成快乐的回忆。

因为我们必须在不断的历练中通过努力、奋斗、磨难达到自己的生活目的，因此，我们必须用快乐的生活态度去承受。生活中，"人之不如意者，十之八九。"正因为能够让人感到幸福、快乐的时候非常少，才更令人们珍惜。如果幸福、快乐随手可取，那也就无所谓幸福和快乐。

人生中，快乐带给我们愉悦，痛苦则能带给我们回味。在人的一生中，真正的快乐，我们很难想起，但痛苦却往往难以忘记。既然痛苦不可避免，我们又无法抗拒，为什么不学会面带微笑面对痛苦的来临呢？

苦难是人生最好的老师

没人会喜欢苦药，但苦药却能祛除病痛使人康复。也没人会喜欢苦难，苦难却是人生最好的老师。没有谁的人生是一帆风顺的，也没有谁的人生轨迹是笔直的，每个人在人生道路上都不免遭遇到坎坷和挫折，经历的困难和挫折越多越大，就越不把困难和挫折当回事；经历的困难和挫折越少越小，就会把什么都当成困难和挫折。那些最伟大的人，无一不是经历了常人无法想象的苦难而获得成功的。

俗话说，世上没有不弯的路，人间没有不谢的花。在生活中，苦难说来就来了，你无法逃避，无法退却，只有跨越和征服。但苦难又是通往真理的最好老师，它能激发我们潜在的能力，磨炼我们的意志、性情和耐力，教会我们认识真理的手段。

苦难让人成长，即使是树也是如此。

从前，有两个人分别在一片荒漠上栽了一片胡杨树苗。

苗子成活后，其中一个人每隔三天，就挑水到荒漠中来，一棵一棵地给他的那些树苗浇水。不管是烈日炎炎，还是刮风下雨，那人雷打不动地一一浇他的那些树苗。就连有时刚刚下过雨，他也会来再浇一瓢水。

有经验的老人说，沙漠里的水漏得快，就算是三天浇一次，树根其实也没吮吸到多少水，水都从厚厚的沙层中漏掉了。

而另一个人呢，看上去就有点懒惰了。他只有在树苗刚栽下去的时候，来浇过几次水，等到那些树苗成活后，他就来得更少了。即使来了，也不过是到处看看，将被风吹倒的树苗扶正，没事儿的时候，他就在那片树苗中背着手悠哉悠哉地走着，不浇一点儿水，也不培一把土。

人们都说，他的那片树，肯定成不了林。

就这样过了两年，他们的两片胡杨树苗都有茶杯粗了。

忽然有一夜，狂风大作，飞沙走石，电闪雷鸣，狂风卷着滂沱大雨肆虐了一夜。

第二天风停的时候，那两片幼林呈现出完全不同的面貌：原来辛勤浇水的那个人的树几乎全军覆没，有许多的树差不多是被暴风连根拔了出来，满地是摔折的树枝、倒地的树干，以及被拔出的一蓬蓬黝黑的根须。

而另一个不怎么给树浇水的人的林子，除了一些被风撕掉的树叶和一些被折断的树枝外，几乎没有一棵树被风吹倒或者吹歪的。

人们疑惑不解。

那人微笑着说："他的树浇水浇得太勤，施肥也施得太勤了，所以这么容易就被风暴给毁了。"

这下人们更迷惑了，难道辛勤施肥浇水也错了吗？

那人叹了口气说："其实树跟人一样，太殷勤就会养成它们的惰性，你经常给它们浇水施肥，它们的根就只在地表浅处盘来盘去，不往泥土深处扎，当然不能经得起风雨了！

如果像我这样，把它们栽活后，就不再去怎么理睬它们，地表没有水和肥料，它们就不得不拼命向下扎根，恨不得一直扎进地底下的泉源中去，有这么深的根，这些树当然能枝叶繁茂了，何愁会轻易就被暴风刮倒呢？"

树是如此，人也是一样。要想使你的生命之树能根深叶茂顶天立地，那就不要害怕苦难，因为正是这些苦难逼迫它奋力向下自己扎根。

那些最伟大的人无一不是苦难的学徒，例如"文王拘而演《周易》，仲尼厄而作《春秋》，左丘失明而有《国语》……"正是这些苦难磨炼了他们的性格和毅力，教会了他们学会对付失败的方法。拉梅奈曾经说过："不懂得苦难的裨益的人，并未过着聪明而真实的生活。"当一个人突然陷入只能靠自己的努力才能摆脱的困境时，他往往会展现出难以想象的品质和意志。

有个法国人名叫布彼，一直在杂志社担任主编。他很有才气，为人也豁达，他的人生理想就是希望像普通人那样简单快乐地活着，但某一天厄运降临，他被脑溢血猝然袭击，使他43年的人生从此转折。几个星期后，他虽然死里逃生，但他身体各部分的功能出现了严重的问题，他陷入瘫痪，不能说话，也不能自如行动，要是没有器械的帮助，他甚至无法呼吸。唯一没有瘫痪的是他的思想。巨大的不幸降临，但他并没有被击倒。他依靠那只唯一能活动的左眼与外界沟通，睁起，闭上，向外界传递着他生命的气息和节奏。

布彼费尽心思与女医生沟通成功并达成了协议：女医生拿着字母表反复朗读，并观察其左眼的反应，眨一次表示"是"，两次即"不是"，然后她会记录下他所选择的字母，把字母连成词，再将词又连成句。就这样经过千万次的朗读，万千次的眨眼，这本名为《潜水铜人和蝴蝶》的书被一页一页写出来，装订成册，印刷出版。这部新书一问世，就给世人带来了极大的震撼与深刻的感动。

布彼被苦难侵袭，从人生日常的轨道给狠狠地丢进了无底的阴晦大海，然而，他放飞了自由的思想，凭借坚韧的意志再次浮出海面，重拥阳光下的飞翔。对于弱者来说，苦难是无底深渊，但对于一个有能力的人来说，苦难则是一笔财富，甚至是成为伟人的垫脚石。例如：我国著名京剧演员周信芳，最初是演小生的，但他后来嗓子有些沙哑，虽然苦练不辍但仍难以改进，于是他转而演老生。结果这一改换，使他得以充分地扬长避短，并创立起了自己独特的唱腔艺术风格，称为"麒派"，周信芳也成为我国优秀的表演艺术家。

所以说，最大的幸运者，也是最大的苦难者。人生不可能总是一帆风顺的，在遇到挫折和失败时，如果苦难不能使他们低头，那么苦难就会助他们成功。历史上最伟大的政治家、思想家、文学家，一生无一不是伴随着坎坷踉跄而行。

众口铄金，人言可畏

　　流言就像一把无形的匕首，如果处置不妥，确实是会伤害到我们，但在处理时一定要讲究方法，免得适得其反。

　　人们常说的"哪个背后无人说，哪个人前不说人"，生活在这个社会中，不可避免的，每个人都会有遭人议论的时候。

　　有一则寓言说的就是这个问题：

　　一天，一个老翁和一个孩子用驴驮着货物上街去卖。卖完后二人高高兴兴地回家，孩子骑着驴，老翁跟着走。这时，就有路人责备孩子不懂事，竟叫老人步行。听了这样的议论，孩子和老翁便换了一个位置继续前行，可没走多远，就又听到有人说老人于心何忍，竟让小孩子步行。老人忙将孩子也抱到鞍上，路人又说他们太残忍，两人坐在驴身上，不顾驴的死活。无奈中，老翁和孩子都不骑驴，干脆牵着牲口走。可又有路人笑他们傻，空着驴不骑而徒步。最后，老翁对孩子叹息道："我们没有别的办法了，只有抬着驴走！"

　　这个故事正说明，在人生旅途中，由于我们想问题、办事情难以十全十美，不管我们做成什么样子，闲言难免。人言可畏，以前面的寓言来说，那位老翁和孩子最后弄得左右不是，固然是受人议论的影响，但根本原因还是自己太无主见。我们不能因为有时被"人言"弄得不知如何是好，就轻易妥协，因为不管我们怎么做，总会有人说我们是错的。

有人的地方就有流言。

战国时，魏国大夫庞恭就以"三人成虎"的故事来告诫魏王不要听信流言。闹市中出现老虎的几率有多大？几乎等于零。然而许多人奔走相告时，相信流言的人就开始与日俱增，人们开始渐渐相信，因为这"听起来很耳熟，这事假不了"。

至近代的 1935 年 3 月 8 日，一代影后阮玲玉在人们的流言飞语中结束了自己年仅 25 岁的生命，含恨留下"人言可畏"的遗言，以此印证了"舌根底下压死人"的俗语。

这两个事例说明，正如戈培尔所说的"谎言千遍成真理"，流言的口口相传最终还是让其可信度不断提升。

鲁迅当年写过题为《人言可畏》的文章，说："……中国的习惯，这些句子是摇笔即来，不假思索的，这时不但不会想到这也是玩弄着女性，并且也不会想到自己仍是人民的喉舌。""我们且不要高谈什么连自己也并不了然的社会组织或抑制强弱的滥调，先来设身处地的想一想吧。"

对人言采取一概排斥的态度，并不见得是什么好办法。人言有时似一面镜子，可以让我们观照出自身的一些缺点和错误，起到"警钟"的作用。我们往往看不清自己的缺点和错误，而别人对我们身上的缺点和错误往往一目了然。因此，对于人言，既不能不加理会，又不能闻人言就被吓倒，最好是洗耳恭听，认真分析，准确判断，让人言成为对自己的警示。经常问问自己：别人为什么要议论我？我的言行是否出格？应当从人言中汲取什么经验教训？有了这种对待人言的态度，即使别人的议论不尽正确，也会从中得到教益。

至于人言中的那些风言风语、冷嘲热讽，甚至捕风捉影、无中生有，不加理会走自己的路就是了。流言止于智者，要平息那些空穴来风的流言，可以参考美国罗切斯特理工学院心理学教授尼古拉斯·狄福奥佐的三个方法：

迅速回应。人们对不确切的事情总是格外关注，所以，要赶上谣言快如闪电的传播速度，就要在第一时间作出回应。

不可沉默。许多人在面对不实的指责时，抱着"清者自清"的信念，总是采取一种"无可奉告"的态度结果反而让流言越传越像是"真的"。有实验证明，沉默不语会增加不确定感，让人们以为当事人试图掩盖什么或"有什么难言之隐"。

借助第三方。在有嘴说不清时，最好找一个中立、可靠的第三方站出来帮忙说话，会让我们的反驳如虎添翼。

此外，辟谣时还要注意提供详尽信息说清来龙去脉。比如许多牛奶生产企业的信誉受到负面新闻的牵连，如果一家没有上"黑名单"的公司突然冒出来说一句"我们的食品保证是安全的"，而又并不对这个声明进行解释，这样唐突的言辞反而会让人们产生怀疑。

综上所述，所谓"人言可畏""众口铄金"，流言就像一把无形的匕首，如果处置不妥，确实是会伤害到我们，但在处理时一定要讲究方法，免得适得其反。

遇喜可以得意，不可以忘形

人性有一个弱点，就是极容易得意忘形。在生活中，把得意之事看淡点，淡然处之，不可忘形，要以平和之心对待，否则，得意的背后往往隐藏着失意。得而不喜，失而不悲，这是做人的一种境界。不卑不亢的人，无论何时何地，都能得到别人的尊重。

有这样一个寓言：

一只野兔被老鹰捉住了，它挣扎、哭叫，这时，一只乌鸦飞了过来，得意忘形地对野兔说："你平时不是跑得挺快吗？怎么不跑了？看来还是我们有翅膀的好啊。"接着便大谈自己翅膀的好处，说到忘情处，还非常欢快地拍打着双翅，正在这时，另一只老鹰突然飞下来捉住了乌鸦，它将得到和野兔一样的命运了。野兔在断气之时，对乌鸦说："啊，你方才还在为自己的平安而得意忘形，现在你也该哀叹和我有着同样不幸的命运了。"

人们总是容易在遇喜时太过得意，忘记自己曾经付出时的辛劳，忘记自己是谁，甚至忘记对待生活的态度，迷失前进的方向。

俗话说："人生苦短，不如意之事常八九。"所以，如果真的遇到了扬眉吐气的事情，得意一下也无妨。然而，你尽可以"春风得意马蹄疾",但不要放浪形骸、得意忘形,尤其是不要忘记了自己的位置。因为人们在得意的时候容易忘形,容易飘飘然,把自己看得至高无上,自我感觉良好,晕晕乎乎难以辨别方向。

"得意忘形"经常用来形容一个人的狂喜状态,也常用来形容那些稍稍得志,就高兴得控制不住自己,忘乎所以,从而失去常态的浅薄的人。在日常生活中经常有一些这样的人,当有人夸她漂亮貌美的时候,她会以为自己就是西施貂蝉;当有人赞赏其才能时,他会以为这区区小地方已无法容纳他了;当有人奉承其见多识广时,他会感觉自己就是个"全球通";当有人吹捧他德高望重时,他会错误地认为下一任领导的位置非他莫属。

得意忘形常常会造就一个转折,造成的后果是使人和事由盛转衰,甚至一蹶不振,出现乐极生悲的惨痛局面。

37岁的约翰·布洛戈登是澳大利亚头号青年政治家,有"未来总理"之称。他曾被澳大利亚各方看好,人们认为他最有可能在2007年的全国竞选中脱颖而出,成为澳大利亚最年轻的总理。结果他却因为在酒会上的超常失态举动,被迫宣布辞职,自毁大好前程。

一天,因为其多年的政治对手鲍勃·巴尔刚刚辞职,他的心情非常痛快,于是在澳大利亚旅馆协会举行的酒会上一连喝了六瓶啤酒,结果不胜酒力的他立即丑态百出:先是跟几个金发女郎乱调情,之后又笑称巴尔的马来西亚裔妻子是"邮购新娘"。

巴尔因此对布洛戈登非常不满:"我没法接受他的道歉,因为他那段话不仅给我的妻子海伦娜造成了莫大的精神伤害,而且也深深地刺伤了跟我妻子一样背景的其他公民。"巴尔的妻子海伦娜是马来西亚人,17岁时到澳大利亚求学,毕业于悉尼大学,后来成为成功的生意人,并且在澳大利亚政界以热情著称,声誉颇佳。

澳大利亚总理霍华德也表明态度说:"那样说真是大错特错了。

我跟海伦娜熟悉，她是一个非常大方热情的人，那样的言论怎么也不应该说。"

后来，布洛戈登不得不在当天匆忙举行的记者招待会上公开道歉，他神情尴尬地表示对自己的"不恰当举止"表示道歉，并将辞去自由党党魁一职，这就意味着他失去了成为澳大利亚总理的机会。

一般来说，人一旦遇到喜事非常得意的时候，就容易自我感觉良好，虚荣心极度膨胀，甚至变得眼高于顶，无视别人的存在，这不但可能给别人造成伤害，也常常会给自己带来不良的后果。我们可以得意，但不要忘形，布洛戈登正是由于"忘形"，才失去了本来唾手可得的总理之位。

太过得意的人，往往容易遭来背后更多的人反感。每个人都有自尊心，特别是当你的得意无意中侵害了他人的自尊时，后果就会变得很严重。

当你遇到喜事，如事业有成，或加官晋爵之时，当然是值得庆贺的，但这种庆贺应适可而止，因为在你的身边，还有一些失意的人，你的张扬会引起他们的心态失衡，所以一定要注意自己的言行了，不要在失意的人面前高谈阔论。因为处于失意之中的人，对一切都很敏感，即使你是无心之语，也有可能会伤害了对方的自尊。与失意的朋友交往，在言辞上要尽量保持低调，才能融入到朋友之中，也能更好地保护自己。

有一次，老吴将几个朋友约在家里吃饭，想借着热闹的气氛，让一位正陷入低潮的朋友郑某心情好一些。这位朋友因经营不善，公司倒了，妻子也因为不堪生活的重压，正与他闹离婚。内外交困，使他极为痛苦。

来吃饭的朋友都知道他的遭遇，于是大家都不约而同地避免去谈及与事业有关的事。可是其中一位，因为刚赚了不少钱，多喝了几杯，就忍不住开始大谈自己赚钱的本领和花钱的功夫，他那种得意的样子，让大家看了都有些不舒服。郑某更是低头不语，脸色非常难看，后来早早地就离开了。

老吴送他出门，他在巷口愤愤地说："老肖会赚钱也不必在我面前夸夸其谈嘛！"

所以说，谈论你的得意时要看场合和对象，切记不要在失意者面前大谈自己的得意之事！因为失意的人最脆弱，也最多心，你的谈论在他听来都充满了讽刺与嘲弄的味道，让他们感受到你"看不起"他。而你所谈论的得意，对大部分失意的人都是一种伤害。

对于聪明人来说，得意之时也不会忘形，平白地为自己树敌。他们会在自己得意的时候，适当地进行掩饰，他知道自己应当谨言慎行，适度收敛。

1. 不要卖弄小聪明，要适当把别人的位置抬高

一般来说，人们都喜欢聪明能干的人，但是他们并不喜欢被别人超过。所以，真正聪明的人，常常会故意在明显的地方留点问题，让别人看见，无伤大雅地笑话你"这么简单的事情都不会做"。这样适当把自己放置得低一些，就相当于把别人的位置抬高了许多，反而能缩短自己与他人之间的距离，使你获得更大的好处。

2. 甘于"退居二线"，在公众场合不要抢着说话

当你和不太爱说话的同事或朋友出现在公众场合时，你能言善辩，容易赢得大家的关注和掌声，但同时也很可能成为别人的"眼中钉"。尤其是当你和领导在一起时，你的出彩很容易让人把你当领导，却把领导当随从，那么领导肯定也会把你打入"冷宫"。因为，你把他的"光彩"都抢尽了，所以下属只能"屈居第二"，并附和领导作些补充。

3. 不要固执己见，提出意见要讲策略

当你发现别人的想法或主张存在很大问题时，不要贸然指出他的错误，更不能擅自改变他的决定。你不妨委婉地提出自己的建议，如果对方能意识到自己的问题，就会接受你的意见；如果对方刚愎自用，你也不需要再坚持己见，等他发现自己错了，也不会把责任推到你头上，反而会暗地里认同你的主张，以后也许会慢慢地听取你的建议。

人是可以得意的，但绝对不可以忘形，因为今日的得意也许就是明日的失意，而为了明天的不失意，最好就是丢弃今日的忘形。

逢悲可以伤感，不可以落魄

悲伤的情绪会使一个人的心情大受影响，不但影响平时的工作生活，而且也会让身体受损，太过沉溺于悲伤等于是一种慢性自杀。所以逢悲可以伤感，但不可以落魄，要保持乐观的心态面对人生。

生活中，难免会遇到悲伤难过的事情，有时候单靠个人的努力难以改变现状，因此，有的人不战而败、捶胸顿足，甚至怨天尤人、无比落魄，这样是永远也无法走出困境的。而另一些人，则会满怀希望，乐观地对待。

乐观是一种良好的心理特征，能排遣和挫败一切痛苦与烦恼，给人生活的勇气、信心和力量。医学家认为，愉快的情绪能使心理处于怡然自得的状态，有益于人体各种激素的正常分泌，有利于调节脑细胞的兴奋和血液循环。马克思也说："一种美好的心情，比十服良药更能解除生理上的疲惫和痛楚。"

成功人士之所以成功，最主要的就是他们能积极地面对挫折和令人悲伤难过的事情，他们能在挫折中主动寻找幸福，在绝望中寻找希望。在对人生充满希望的同时，也表现了他们对人生积极乐观的态度。这种积极乐观的态度就是：即使道路坎坷，荆棘绕身，也要主动地寻找幸福，愉快地享受生活。即使是不能取得大胜利，也要乐于接受小小的胜利。

有研究表明，近年来日本人的自杀人数逐年上升。很多人遇到挫折，首先想到的是切腹自尽，而不是去思索该怎样战胜困难。生命对于一个人只有一次，我们是否能够以积极乐观的态度去对待人生、对待悲伤和痛苦，那是大有讲究的。

有这样一则故事很能说明乐观者的人生态度。

有一个人在同一位准备远航的水手交谈时问：

"你父亲是怎么死的？"

"出海捕鱼的时候，遇着了风暴，死在海上。"

"你祖父呢？"

"也死在海上。"

"那么，你还去航海，不怕死在海上吗？"

水手问这个人："你父亲死在哪里？"

"死在床上。"

"你的祖父呢？"

"也死在床上。"

"那么，你每天睡在床上不害怕吗？"

这个小故事中蕴含着深刻的人生哲理。这个水手明知祖父、父亲都死在海上，却没有因失去亲人的痛苦挫折而改变自己的奋斗目标，他仍然乐观地从事自己喜欢的事业。

乐观的人在遭受挫折打击时，仍能坚信情况将会好转，前途是光明的。从情感智商的角度来看，乐观是人们身处逆境时不心灰意冷、不绝望或抑郁消沉的心态。与希望一样，乐观能施恩于人生，令我们的生命更加精彩。

乐观的人遇到挫折，总会把它变为一种转折。

威尔逊先生是一位成功的商人，他从一个普普通通的事务所的小职员做起，经过多年奋斗，终于拥有了自己的公司、办公楼，并且受到了人们的尊敬。

有一天，威尔逊先生从他的办公楼走出来，刚走到街上，就听见身后传来"嗒嗒嗒"的声音，那是盲人用竹竿敲打地面发出的声响。

威尔逊先生愣了一下，缓缓地转过身。

那盲人感觉到前面有人，上前说道："尊敬的先生，您一定发现我是个可怜的盲人，能不能占用您一点点时间呢？"

威尔逊先生说："我要去会见一个重要的客户，你要什么就快快说吧。"

盲人在一个包里摸索了半天，掏出一个打火机，递给威尔逊先生，说："先生，这个打火机只卖1美元，这可是最好的打火机啊！"

威尔逊先生听了，叹了口气，掏出一张钞票递给盲人："我不抽烟，但我愿意帮助你。这个打火机，也许我可以送给开电梯的小伙子。"

盲人用手摸了一下那张钞票，竟然是100美元！他用颤抖的手反复抚摸着，嘴里连连感激着："您是我遇见过的最慷慨的人！仁慈的富人啊，我为您祈祷！上帝保佑您！"

威尔逊先生笑了笑，正准备走，盲人拉住他，又喋喋不休地说："您不知道，我并不是一生下来就瞎的，是因为23年前布尔顿的那次事故！太可怕了！"

威尔逊先生一震，问："你是那次化工厂爆炸中失明的吗？"

盲人仿佛遇见了知音，兴奋得连连点头："是啊是啊，您也知道？

这也难怪，那次光炸死的人就有 93 个，伤的人有好几百！"

盲人想用自己的遭遇打动对方，争取多得到一些钱，他可怜巴巴地说了下去："我真可怜啊！到处流浪，孤苦伶仃，吃了上顿没下顿，死了都没人知道！"

他越说越激动："您不知道当时的情况，火一下子冒了出来！仿佛是从地狱中冒出来的！逃命的人都挤到一起，我好不容易冲到门口，可一个大个子在我身后大喊，'让我先出去！我还年轻，我不想死！'他把我推倒了，踩着我的身体跑了出去！我失去了知觉，等我醒来，就成了瞎子，命运真不公平呀！"

威尔逊先生冷冷地道："事实恐怕不是这样吧？"

盲人一惊，呆呆地对着威尔逊先生。

威尔逊先生一字一顿地说："我当时也在布尔顿化工厂当工人。是你从我的身上踏过去的！你长得比我高大，你说的那句话，我永远都忘不了！"

盲人站了好长时间，突然一把抓住威尔逊先生，爆发出一阵大笑："这就是命运啊！不公平的命运！你在里面，现在出人头地了，我跑了出来，却成了一个没有用的瞎子！"

威尔逊先生用力推开盲人的手，举起了手中一根精致的棕榈手杖，平静地说："你知道吗？我也是一个瞎子。"

上例中的威尔逊和盲人拥有着同样的遭遇，但由于二人看待痛苦的态度完全不同，结果演绎出完全不同的人生。乐观并不等于不切实际的幻想，也不意味着否认问题的存在，或逃避直面痛苦的责任。它是一种思维方式，也是一种面对挑战的态度。

那么怎样才能保持乐观的情绪呢？保持乐观情绪的主要秘诀有三：

1. 善于幽默，善于找乐。

2．遇到失败挫折决不气馁，有继续努力、再创辉煌的信念。

3．为人和善，与人为友。

总而言之，乐观可以使我们认识到：未来是有希望的，也是可以去争取的，它促使我们说"我能"，而不是"我不能"。它让我们看到一只半满的杯子，而不是半空的杯子。所以，逢悲可以伤感，但不可以落魄。

第二章

朋友是一种和我们并肩平行的"直线"

如果说人生是一场修行，那么朋友就是修行路上与你一路同行的人，可以相互扶持、互相依靠，所以，拥有真诚的朋友是人生一大幸事。朋友，和我们就好比是两条平行直线，虽然相互独立，也有距离，可它们却会在一定的距离范围内，永不相离，这就是距离的美，也能直达永远，无论什么时候都能够找到对方说说心里话，诉说生活的苦与痛，分享彼此的快乐。

世上没有哪一个人可以单独生存

人类是一种群居动物，在生活中互相依存，在这个世界上，没有人可以单独生存，而朋友，是一个人一生中不可或缺的伙伴。

世界的联系越来越紧密，人与人的分工也越来越精细，没有人能独自生存。而在我们的生命中，朋友是总能在我们周围陪伴我们成长的人。他们是我们最珍贵的一部分，虽然不一定一生相随，但在人生的道路上，正是有了朋友的陪伴，才会让我们的生命更加精彩。

下面这个故事正说明了人生道路上拥有朋友的重要性：

从前，甲、乙两个饥饿的人，在途中遇到了一位长者。这位长者很想帮助他们，于是给予他们一根鱼竿和一篓鲜活硕大的鱼，让他们任选其一。于是，甲要了一篓鱼，乙要了一根鱼竿，之后他们就分道扬镳了。

分开后，甲在原地用干柴搭起篝火煮起了鱼，他实在是饿坏了，还没有品出鲜鱼的肉香就狼吞虎咽，把鱼吃完了，连汤也让他喝了个精光。由于没有了食物，不久，他便饿死在空空的鱼篓旁。而乙则继续忍饥挨饿，提着鱼竿一步步艰难地走向大海，可当他终于看到那片蔚蓝色的海洋时，非常不幸的，他浑身最后的一点力气也使完了，只能非常不甘地望着大海撒手人寰。

后来，丙、丁两个饥饿的人，他们同样分别得到了长者送予的鱼竿和一篓鱼。只是他们并没有像前两个人那样各奔东西，而是商定一起去找寻大海。每当他们饥饿万分时，他俩就煮上一条鱼充饥。就这样，经过遥远的跋涉，他们终于到达了海边。从此，两人开始了合作捕鱼为生的日子。过了几年，他们都过上了幸福安康的生活。

故事中的甲和乙，由于甲只注重眼前而忽视了未来，乙则刚好相反，二人各干各的，结果两人都无法生存；而丙和丁则相互扶持，从而都过上了幸福的生活。

他们不同的做法与结局告诉我们：世上没有哪一个人可以单独生存。在残酷的社会竞争面前，单凭个人之力是很难得到成功的，我们只有通过合作，与朋友或伙伴携手共进，去迎接生活的挑战，才能走出生存绝境。

而怎么找到能与自己携手共进、通力合作的朋友，则要看各自的本领了。世界上没有朋友的人，大概是很少的。即使是曹雪芹笔下孤芳自赏、难以合群的林黛玉，在大观园中，也有自己的知己贾宝玉，她的丫环紫鹃也可以说是她的好朋友。

在这个合作的时代中，几乎所有的成功，都是在某种合作的形式下取得的，因此能否在与人交往中交到能合作的朋友是至关重要的。合作不仅是成功的最佳捷径，也是成功的唯一出路。

甚至连自然界的动物都本能地知道同伴的意义与重要性，例如大雁，我们经常会注意到大雁以 V 字形飞行，研究发现，成群的大雁以 V 字形飞行，比一只雁单独飞行能多飞百分之十二的距离。

连大雁都是如此，就更别说依靠群体生活的人类了。人人都要友谊，没有人能独自在人生的海洋中航行。我们都需要别人的帮助也能给别人以帮助。朋友的重要性是不言而喻的，几乎无法想象，如果没有朋友，我们的生活将会变成什么样子。

比如，在你情绪低落的时候，是否会希望有个朋友让你振作起来？在你遇到困难的时候，是否也想有个人帮你走出困境？在你快乐的时候，你是否想有个人和你一起分享？医生可以用药治愈我们身体上的疾病，但却并不能使我们心情愉快。而朋友让你快乐，也能倾听你的烦恼，并给你提出建议。一个真正的朋友能和你同甘共苦。

所以说，朋友是我们人生路上不可缺少的重要角色，也是我们可以相互依靠、互相扶持的伙伴，没有人可以离开群体独自生存。

得人心者得天下，失人心者失天下

只有在平时善待朋友及周围的人，才可以"得人心"，在自己需要帮助的时候他们才会毫不犹豫地出手相助，相反，如果平时不得人心，那么你向人伸出手想要寻求帮助，别人也未必就会出手帮忙

如果你是一个企业的管理者，自然希望自己的员工同心同德，不辞辛苦地为企业做事情，你也会去学习企业文化、管理理念那一套东西，希望借以笼络人心。所谓"得人心者得天下，失人心者失天下"，这句话不但适应于管理，在我们交友、待人接物方面也有启示，只有在平时善待朋友及周围的人，才可以"得人心"，在自己需要帮助的时候他们才会毫不犹豫地出手相助，相反，如果平时不得人心，那么你向人伸出手想要寻求帮助，别人也未必就会出手帮忙。

有一些人，一旦走上领导岗位就开始玩弄权术，视员工为指尖的棋子，以为可以随心教化、随意使用，只管假惺惺作态，因此，一旦事情到了危急关头，就会露出他们自私自利的本来面目。

三国时期，刘备之所以不取荆州，一方面是对时势的考虑，更重要的是他的仁义之心。他就是要让百姓们知道，他刘备不会放弃他们，就算是死，也要和他们死在一起。所谓患难见真情，他是值得信赖的。

有人说刘备虚伪，如果刘备果真是此等沽名钓誉的小人，怎么敢冒这么大的风险呢？

刘备有一句经典的语录："勿以恶小而为之，勿以善小而不为。惟贤惟德，能服于人。"在乱世之中，桃园结义之时，曹操、孙权都已经有雄厚的基业，而他资历浅薄，所以他以人为本，以德服人，这也正是刘备的魅力所在。

俗话说，"路遥知马力，日久见人心。"欲得人心，必用真心。无论"怀柔"也好，"德化"也罢，要自己真的有此心才行，否则还是"法制"为上，选择那种冷峻的管理风格吧。

在秦末的楚汉战争中，有两个人是永远无法忽视的存在，即项羽和刘邦。项羽是一个力拔山兮气盖世，"近古以来未尝有"的英雄，是楚国的贵族，是推翻秦王朝的第一等功臣：可谓战无不胜，攻无不克。而刘邦则是个贫民、流氓，是一个酒色之徒，打过的胜仗很少，攻克过的城池也不多。

秦亡之时，项羽握兵四十万，而刘邦仅十万，双方实力悬殊，几乎没有可比性。但是，楚汉相争的结局，却是刘邦得了天下而项羽自刎乌江。为什么实力强大的一方反而会落败？这正应了那一句话，"得人心者得天下"。

1. 从民心得失看

刘邦得民心，项羽失民心。刘邦引军入咸阳，与民约法三章，即"杀人者死，伤人及盗抵罪"，写了安民措施："诸所达毋得掠卤（通'虏'）"，还军霸上，于是"秦人喜"，深得民心。

而项羽入咸阳则恰恰相反，他屠咸阳，杀子婴，焚宫室，血洗关中，收其宝货妇女而东。令老百姓闻风丧胆，这样的"霸王"，老百姓能爱戴吗？

2. 从将心得失看

项羽用人刚愎自专，不知笼络人才；而刘邦则虚怀若谷，知人善任。

项羽最强胜之时，天下将才都来投奔他，但他却不能识人也不能重用人才。用了范增，可关键时不听其建议，鸿门宴放走了刘邦，留下了巨大后患。韩信开始时也在项羽旗下，因得不到重用，只做了个小兵，最后反而便宜了刘邦，成了敌人手下的一员大将。

而刘邦不仅知人善用，而且善于听取不同的意见。他的麾下，笼络了一大批将才，如萧何、张良、陈平、韩信等，个个能谋善断，成为刘邦问鼎天下的最大功臣。

当然，除了人心的得失外，楚败汉兴还有很多其他的原因，但人心得失却是其中最重要的一项。这也从一个侧面说明，得人心对于一个人、一个企业、一个国家，是何等重要。

3. 从军心得失看

俗话说，人心齐，泰山移。从初起到秦亡之时，项羽正是顺应人心，奋起反秦，才得到广大官兵拥护的，因而他能从八千江东子弟兵，发展到拥有40万兵力的大部队。然而，分了军心，满意者少，不满者众。如刘邦未分到关中，最不满，差点与项羽闹翻。分封后，部队各自为阵，将领以各自的利益为主。人心难以再统一。这也将项羽所拥有的绝对优势，内耗殆尽。

而观刘邦，他善于把一切优势的人才都聚集到自己的麾下。在天下大乱之时，善于争取同盟者。刘邦平定天下后言："夫运筹策帷帐之中，决胜于千里之外，吾不如子房。镇国家，抚百姓，给馈饷，不绝粮道，吾不如萧何。连百万之军，战必胜，攻必取，吾不如韩信。此三者，皆人杰也。吾能用之，此吾所以取天下也。项羽有一范增，不能用，此其所以为我擒也。"刘邦善于笼络人心，这就是他能把各级优秀将领为其所用的最好例证。也正是由于他手下各级将领的团结一心，三军团结一心，才令楚败汉兴成为历史的必然。

总的来说，要想有所成就，就要善于争取"人心"，谁能得到"人心"谁就能拥有"天下"。

天下没有两片相同的树叶，朋友没有绝对的情投意合

　　每个人都是独立的个体，这个世界上也不存在两个完全一样的人，人与人之间的差异是普遍存在的，即使是再默契、再情投意合的朋友，他也不可能与你事事都保持意见一致，正如天下没有两片相同的树叶，朋友也有他自己的世界观和看法，但我们可以寻找其中的共同点。真正的相交，应该在相互尊重对方独立性的基础上，保持各自的个性。不要有意无意地去"同化"对方，或是勉强自己去接受对方的"同化"。

　　朋友贵在知心，但也不必要求的太过苛刻，非得每个朋友都与你相交莫逆、默契、心心相印不可，那是绝对不可能的。须知，天下没有两片相同的树叶，更没有两个相同的人，每个人都有自己独特的一面，每个人都是与众不同的。

　　人与人不可能是完全一致的，朋友之间更没有永远的与绝对的相互保持一致的义务。别说朋友，即使是夫妻父子之间，要保持永远的与绝对的一致，也是难以做到的。而且各人的处境不同，不可能事事一致。其实你在要求保持一致的时候，已经包含了不尽一致的意思，绝对的一致，是用不着费力保持的。比如有一些自己不喜欢可以不予理睬的人，但是自己的朋友恰恰在此人的手下供职或是有求于人，就

不能与你采取同样的置若罔闻的态度。你的朋友也许还要虚与委蛇，你的朋友不敢得罪你心目中极不好的这人，你怎么办？因而与你的朋友断交吗？这是不可能的，世上有许多事，心中有数是可以的，锱铢必较却是不可取的。那种一句话不投机就割席绝交的故事在现在看来是非常令人难以接受的。

如果你要求你的朋友对一个人、一件事、一个观点的看法与做法都与你保持一致，这也是很不现实的。也许你的某个朋友与你关于某件事的观点不一致，但是还有别的大量的人大量的事大量的观点呢，也许在广阔得多的领域你们有着合作至少是交流的可能，完全没有必要采取一种极端的态度。否则只会把自己的圈子搞得愈来愈小。再说，那种要求别人是朋友就得永远忠于自己，只能从一而终的做法，也太过霸道了。

而且，如果你的朋友都是忠于你的人，那这算是朋友还是簇拥呢？你的朋友都是永远同意你、赞成你、歌颂你、紧跟你的人，你在他们中间听到的只有赞同，那你什么时候能听到逆耳的忠言，能听到不愉快的真实，能得知自己的失误与外界对自己的不良反映，能得到全面的与客观的信息反馈呢？那不是等于自己把自己给封闭起来了吗？

如果我们保持着这种观点去交朋友，这么苛刻地要求朋友，那还能交到真正的朋友吗？

如果我们的朋友需要掩藏自己的个性，戴着面具虚伪地活着，整天阿谀奉承或者唯唯诺诺说着违心的话，做着自己极不愿意的事情，那么除了身心疲惫，我们还能给自己的朋友带来什么呢？

还有，谁又能保证自己的一切选择都是最正确而且是千年不变的呢？如果你对某人某事某理论某学派的态度与处置并非是完全正确的，如果你的观点本身就留下了可争议之处，如果你原本正确的理论随着时间的逝去、形势的变化而需要调整，你也像众人一样有需要与时俱进之处，那么那些与你在此人此事此观点上不甚一致的朋友，不正好可以成为你最合适的帮手吗？

友情的价值恰恰就在于互不伤害各自的独创性。每个人都是独立存在的，如果双方掩饰自己而保持一团和气，这样的友情也是无法长久的。真正的朋友是"和而不同"的，双方都能保持自己的个性，这样才能越发相互信赖，相互尊敬，建立真正的友情。

而友情的基础应该是两个好朋友在平时都不歪曲自己，能够照自己确信的方式生活，走自己向往的道路，并且在前进的道路上保持良好的关系，这才是真正的友情。

所以说，朋友之间即使关系再亲密，也不要指望他能与你永远保持一致，绝对的情投意合是没有的。

我们改变不了他人，可以选择改变自己

也许，在这个熙熙攘攘的世界上，我们确实显得有些微不足道，我们既无力改变这个世界，也无法改变他人，但是，值得庆幸的一点是，我们可以通过改变我们自己，来使我们未来的生活更加合乎人的天性，变得更加美好。

很多时候，我们在与朋友相交的时候，总是希望朋友能接受我们的观点，认同我们的理念，但效果总是令人沮丧，每个人看待问题的角度和方式都不相同，即使是关系再亲密的朋友也会有所分歧。这种时候，我们也许不可避免地陷入痛苦之中，其实，反过来想，我们改变不了他人，但可以选择改变自己。

威廉·詹姆斯说："我们这一代最伟大的发现就是，一个人可以借着改变自己的心态来改变一生。" 无论对谁而言，自己都可独成一个世界，每个人都是自己世界的主人。我们每个人都会对自己的世界作出选择和决定，然后这些选择和决定会影响到所有其他世界的存在。所以，当我们自己感到沮丧、不满、无望时，实际上是对自己的选择、决定作出的反应，解决的方法也只有自己去改变这一切，因为我们世界的主人，只有我们自己。

下面是一个典型案例：

有一天，美国著名的心理学家罗伯特·西奥迪尼在纽约结束了一天的工作之后，乘地铁去另一个地方。当时，正值下班高峰期，人流如同以往一样沿着台阶蜂拥而下直奔站台。

突然，罗伯特·西奥迪尼看到在台阶中间躺着一个衣衫褴褛的男子，他闭着眼睛，并且一动不动。可是他身边的人们却都像没看到这个男子一样，匆匆从他身边走过，个别急着乘坐地铁回家的人甚至从他身上跨过。这让罗伯特·西奥迪尼感到非常震惊。于是，他停了下来，想看看到底发生了什么。然而，就在他停下来的时候，他身边一些人也陆续跟着停了下来。

很快，这个男子身边聚集了一小圈人，人们好像突然都变得有同情心了。有人去给他买了食物，有人匆匆给他买来了水，还有一个人通知了地铁巡逻员，这个巡逻员打电话叫来了救护车。几分钟后，这个男子从昏迷中苏醒过来，一边吃着食物，一边等待着救护车的到来。

原来，这个衣衫褴褛的男子只会说西班牙语，且身无分文，已经饿着肚子在大街上流浪了好几天，最后因为饥饿而昏倒在地铁站的台阶上。

奇怪的是，起初人们对这个衣衫褴褛的男子熟视无睹，漠不关心，后来又表现出极具人情味的关心。罗伯特.西奥迪尼认为，其中的一个重要原因是：在熙熙攘攘、匆匆茫茫的人流中，人们往往陷入完全自我状态，在忽视无关信息的同时，也忽视了周围需要帮助的人。而后来人们对这个衣衫褴褛的男子的态度有了如此大的改变，其中的一个最重要的原因是因为有一个人的关注，使情况发生了变化，路人也因此注意到了这个需要帮助的男子。

从心理学家罗伯特.西奥迪尼的故事，可以看出来，我们虽然无法改变他人的看法和行动，但却可以选择改变自己来影响他人。不仅是对陌生人如此，对朋友也是同理。

就如同英国有一位安葬于西敏寺的主教的墓志铭写的　那样：

"少年时，意气风发，踌躇满志，当时曾梦想改变世界。但当我年事渐长，阅历曾多，发现自己无力改变世界。于是，我缩小了范围，决定先改变我的国家，可这个目标还是太大了。接着我步入了中年，无奈之余，我将试图改变的对象锁定在最亲密的家人身上。但天不遂人愿，他们个个还是维持原样。当我垂垂老矣之时，终于顿悟：我应该先改变自己，用以身作则的方式影响家人。

若我能先当家人的榜样，也许下一步就能改善我的国家，再以后，我甚至可能改造整个世界。"

在这段话中，他只告诉了我们一件事：改变自己。不错，自己先改变了，身边的一些人就可能会跟着改变。也许，我们确实无力改变这个世界，无法改变朋友的看法和行为，但是，我们却可以通过改变自己，进而影响到他们，从而使我们未来的生活更加合乎人的天性，变得更加美好。

君子之交淡如水，小人之交甘若醴

　　"淡如水"是朋友之间关系的最高境界。这是一种源自于互相宽怀的理解，互相不苛求，不强迫。并非要朝夕相处，如胶似漆才是朋友，那种"甘若醴"成天混在一起的交情有时恰恰又是最为脆弱的。纯粹的友情是自由的，它可以是今天萍水相逢，彼此尊重的欢聚，明天就平淡的分手，一个电话、一句问候，不会因为相隔千里而使感情淡漠，随着时间的推移，感情日久弥深。

　　许多人以为，朋友就是要亲密无间，称兄道弟，甚至要成为"死党"。其实，我们身边多数的朋友只是普通朋友，真正可称为"死党"的朋友并不多。

　　我们一辈子都不断在结交新的朋友，但新的朋友未必比老的朋友好，如果因为自己处理不当而失去友情，则是人生的一种损失，有句话说得好：君子之交淡如水，小人之交甘若醴。因此好朋友还是要"保持距离"。

　　这话听起来是有些矛盾，好朋友才应该常聚首，保持距离不就疏远了吗？

　　而真正的朋友，相互尊重，却不相互吹捧；往来频繁，但不过分亲呢；往来不多，也心心相印。也就是说：交友应注重真挚的感情，心灵的默契和呼应，而不是表面上的亲近。也就是人们常说的"君子之交淡如水"。

那些没有真感情，不讲道义的假朋友，表面上亲亲热热，勾肩搭背，但是只要一旦贫贱、富贵发生变化，或相互之间有了利害冲突，就立刻翻脸不认人，甚至在朋友有难时不仅不拉上一把，反而落井下石。

近代知名学者王国维博闻强记、智力过人，在甲骨文研究上卓有成绩，与罗振玉结为知交，后来又成了儿女亲家。当时，王家较穷，所以罗经常在经济上接济王，但目的却是利用王国维来赚取更多的金钱。罗利用他家境富裕的优势大量收进甲骨，由王来考释，但发表文章的署名都是用罗的名字。最后，由于经济上有勒逼，使王国维这样不可多得的才子在壮年便投湖自尽。

而同一时期的另一著名人物鲁迅虽然和王国维都是弃医从文，有差不多的经历，但由于他交友的审慎，结果却完全不同。

鲁迅早年师从于资产阶级革命家、著名学者章太炎，后来与教育学家蔡元培结下了深厚的友谊，一些学者、作家如许寿堂等都与鲁迅是至交好友。此外，鲁迅以师长、也以朋友身份结交了许多左联革命青年，特别是共产党人朋友如瞿秋白、冯雪峰等，对鲁迅起了不可忽视的作用。

瞿秋白是鲁迅众多的好友之一，他们在文化战线上经常合作，还一起翻译介绍了马列主义文艺理论和前苏联文学作品。瞿秋白编了《鲁迅杂感选集》，在序言中给鲁迅以很高的评价。在最危险的关头，鲁迅让瞿秋白避在自己家中。瞿秋白牺牲后，鲁迅怀着悲痛的心情，在病中把朋友的遗言编成《海上述林》出版。鲁迅在前言引用的对联中所说的"知己"，即指包括瞿秋白在内的共产党人，他以有这样的"知己"为人生最大的满足。

著名学者郭沫若曾指出："王国维之所以戛然止步，甚至遭到牺牲，主要的也就是朋友害了他。而鲁迅之所以始终前进，一直在时代的前头，却是得到了朋友的帮助。"可以说，鲁迅的一生，在他身边，既有严谨的学者，也有资产阶级革命家；既有文学青年，也有无产阶级的先锋战士。鲁迅的成长，除了主观上的原因，也得益于他的这些良师益友。的确，建立在志同道合基础上的友谊是经得起任何考验的。与品质高洁的人交朋友，结下的真挚友谊也是事业的推进剂。

所以说，好朋友的界定并非是看是否走得很近，很多时候，离你最近的人未必是你的朋友，较你很远的人也不一定就与你关系疏远，朋友相交还是重在交心。

和朋友要常联系

"君子之交淡如水"是句佳话，但并不是说和朋友相处就是不管不顾了，那样的话只会失去你原本所拥有的友谊。毕竟，人是感情的动物，而维系一段感情是需要用心的。如果你因为"忙碌"而减少了和朋友之间的沟通交往，那么，很多原本牢靠的关系就会变得松懈，即使关系再好的朋友也一样。所以，不要让你的通讯录落上尘土，和朋友要常联系。

朋友是我们生命中除去最亲密的家人外，人际网络上最温暖、最贴心、最有人情味的结点。一路走来，我们会或多或少地交到些朋友。有句话说：朋友贵在交心。所以人们往往认为既然是好朋友，彼此间已相当熟悉，也很随意，没必要像其他人际关系那样苦心经营，用不着经常联系。

其实，这是一种认识上的误区。周星驰有句精典台词——你不说我怎么知道呢？这句话用在朋友交往上面，就好似在说：不常联系怎么知道朋友关系还在不在呢？事实上，不经常保持联系只会让好朋友间关系渐行渐远、关系淡化、终至于无，使最初的好友变成最终的陌路人。其实，朋友关系要维系并不困难，只需要有事没事经常保持联系，便可以使友谊之花长开。

下面是从反面说明朋友间要经常保持联系重要性的故事：

刘怡和马芸是大学同学，而且又是一个宿舍的舍友，由于两人性情相投，关系很好，每天都是形影不离的。同学们常常笑称她俩是"砣不离秤，秤不离砣"。

毕业之后，由于马芸去了广州，刘怡留在了北京，分隔两地使她们之间的联系也渐渐少了，只是偶尔会通个电话问候一声。但后来，由于工作越来越忙，有时候好几个月都不会电话联系。

再后来，刘怡结婚了当妈妈了，俩人的联系几乎中断了。虽然有时候，刘怡在翻相册时偶尔能够想起马芸，但对她的印象已经开始模糊了。

有一次，一位从广州回来的同学给刘怡带回了马芸的消息和新的联系方式，并转达了马芸希望和她多多联系的愿望。可是，刘怡忙于照顾孩子和工作，总是记不起来这件事情，而同学带给她的马芸的联系方式后来也不知所踪。

就这样，这对好朋友之间彻底中断了联系。

像她们这样因为天各一方不通消息而使感情逐渐淡去的好朋友，在我们身边也能经常遇见，甚至也可能发生在我们自己身上。我们在为她们遗憾之余，也要从中吸取教训，经常和自己的好朋友保持联系。具体来说有以下几点：

1. 与朋友经常见面

如果是与你生活在同一个城市的朋友，那么最好的联系方式是经常见面。不妨在下班后、节假日相约出来小聚一把，喝喝酒、吃吃饭或聊聊天。不但可以给心灵带来难得的愉悦，还能加深彼此的感情。

2. 时常给朋友打电话或网聊

如果朋友生活在另一个城市，或者即使与你同在一个城　市但彼此很忙，那么打电话或上网聊天就是最方便的联系方式。

在打电话的时候，不要以为朋友看不见你就不会注意到你的心不在焉，因为哪怕只有声音的细微变化，都能被他（她）听出来的。所以，在打电话的过程中最好不要有吸烟、喝茶、吃零食等行为，就算只是懒散的姿势，也会被对方发觉。平时，进行电话交流时，自然不必太过拘束，但接电话的第一声要充分重视，因为这会让对方直接感受到你现在的心情好坏。

3. 给朋友发短信

可以时常用短信对朋友进行问候，尤其是某些当面或电话里不便说出的话可以使用。如果是在与朋友发生矛盾、产生误会之后，一个短信，就可以让好友之间的误会消于无形，使大家继续保持良好的关系。

4. 寄明信片和问候卡

现在人们已经懒于写信了，不过可以在特别的日子给朋友寄些卡片。明信片篇幅是有限的，你可以把注意力放在明信片本身的画面上，然后随意写点东西。你可以在平时将几张贴了邮票的明信片放在提包里或公文包里，当你乘坐公共汽车时，在医院休息室里等候，或者任何灵感到来的时候，你可以写成一段诙谐有趣的话，然后给朋友寄过去，给他（她）一个惊喜。

5. 给朋友寄你自己或你与身边人的照片

挑照片是有讲究的，一定要挑选那些生动的特定镜头，清晰得足以展示某些细节的照片。每一张照片要能清楚地告诉朋友一段你的故事。

6. 邮寄实物

也许当你看到商店里琳琅满目的商品时，你觉得无从选择，并觉得如果将它们寄给朋友会显得毫无新意。这时你大可发挥一下你的想象力和灵感，寄一些别人意想不到的东西，让他（她）开心之余还大开眼界，重在你的心意。比如，一个含蓄内向的自然科学家寄给他的朋友几片树叶和几朵已经枯萎的稀有花朵，使收到礼物的朋友感受那一份惊喜；以讴歌身体强壮而性情沉默的渔夫捕获到了一条特大鱼，他刮下最大的几片鱼鳞给朋友邮寄过去，让他的朋友看到后羡慕得嫉妒；还有某个美食家从一个著名的饭店寄给朋友小烟灰缸、火柴和菜单。

7. 送礼物

也许你会在商店的橱窗里看到一件标价仅为 3 元的小物品，然而却非常适合你的某个朋友，你就该马上为他（她）买下这件礼物，立即寄出，而不必考虑一定要等到某个节日才送。

和朋友联系的方式并不限于以上几种，你还可以充分利用现代化的通信设备，有事没事与朋友常联系，维系你和朋友之间的情感。

诚然，朋友并不是说要你天天挂念、联系，但绝不可总是忘记，因为时间是最无情的东西，如果长时间没有联络，再好的友谊也会产生间隙。所以说，要和朋友常联系。

爱情经不起考验，友情经不起猜疑

猜疑对友谊而言是一种毒药。正如法国作家莫洛亚所说："多疑的人永远不能成为好朋友。友谊需要整个信任：或全盘信任，或全盘不信任。如果要把信心不断地分析、校准、弥缝、恢复，那么，信心只能增加人生的爱的苦恼，而绝不能获得爱所产生的力量和帮助……"

有句俗语说得好："猜疑把你、我都变成了蠢驴。"恋爱中的男女如果一再地疑心对方"是不是爱我"，甚至想办法来测试对方，那么，你的爱情终会在没完没了的考验中失去。爱情是经不起猜疑的，友情也是一样。

然而，我们还是经常推断别人的反应和行为。我们常以为事物是不变的，人是不变的。有时，我们根本观察不到与过去情况已发生了微妙的变化，而这些变化可能促使人们采用与过去不同的行为方式。

大卫为了报答约拿单的恩典，恩待米非波设；现在他要报答拿辖的恩典，恩待哈嫩。他说"我要照哈嫩的父亲拿辖厚待我的恩典厚待哈嫩。"

但不幸的是，哈嫩身边的人却将大卫的善意理解为恶意，"大卫差人来安慰你，你想他是尊敬你父亲吗？他派人过来不过是详察窥探，要倾覆这城。"猜疑常常有个美好的面具，就是在为你的好处考虑，保护你的利益，使你更加的安全。这就是所谓的"防人之心不可无"！

哈嫩年纪尚幼，十分依赖大臣，易于听信他们，很快就将这样的恶意化作行动。他将这些美善的使者的胡须剃去一半，又割去他们的下半截衣服，使他们露出下半身，打发他们回去。尽管大卫的臣仆遭到这样不公的待遇，但大卫还是比较成熟理智的，他没有怒气冲冲，立刻举兵讨伐，反而差人去迎接他们，并告诉他们说："可以住在耶利哥，等到胡须再长起来。"但亚扪人却变本加厉，发动了争战。

战争的结果是亚扪人失败，赔了人马，赔了金银，输了面子，失了友谊，也令其他国家的人受到了不同程度的波及。而大卫却因正义出战，越打越强盛。

猜疑将别人的好意理解为恶意，虽然别人投来的是善意和爱的信息，但接受者却用恶意去处理，结果却是以恶报善。这让猜疑者活在惧怕之中，惧怕受到伤害、威胁、轻视，"惧怕的人在爱里未得完全，爱既完全，就把惧怕除掉"，我们的心灵若不活在光明之中，其阴影就是猜疑，表现为敏感、自我保护、甚至是攻击。

在生活中我们也经常遇到这样的例子：

菲尔的剪草机坏了，在这一周他恰好要用。他本想找他的邻居吉米去借。但在路上，想起了一件不愉快的事：

"去年春天，我到吉米家里借修树剪子，他说剪子要磨，现在不能用。可是，第二天我就看见他在用那把剪子修树。一月份，我向他借清路机时，他也是这样的。这种邻居，干吗要找他？"

于是，越想越气的菲尔走到吉米的家，敲了敲门。吉米一开门，菲尔就嚷了起来："吉米，留着你那破玩意儿吧。你就是找我把剪草机拿走，我也不拿。"

本来只是一件很小的事情，如果菲尔开口求助，说不定以往的误会也会化为云烟，但由于菲尔心里的猜疑，结果反而雪上加霜，让两家的关系越来越糟糕。

那么，究竟我们应该如何对待朋友呢？相信下面这个例子能够给我们以启迪：

公元前4世纪，有一个年轻人触犯了国王，被判绞刑，在某个法定日子里将被无辜处死。年轻人是个孝子，在临死前他希望能与远在百里之外的母亲见上最后一面，以表达他对母亲的歉意，因为他不能为母亲养老送终了。他的这一要求被告诉了国王。

国王感其诚孝，决定让这人回家与母亲相见，但条件是让这人必须找到一个人来替他坐牢，否则他的这一愿望只能是镜中花水中月。这是一个看似简单其实近乎不可能实现的条件。有谁肯冒着杀头的危险替别人坐牢，这岂不是自寻死路？但茫茫人海，就有人不怕死，而且真的愿意替别人坐牢，他就是年轻人的朋友达蒙。

达蒙住进牢房以后，年轻人回家与母亲诀别。人们都静静地看着事态的发展。日子如水，年轻人一去不回头。眼看刑期在即，年轻人也没有回来的迹象。人们一时间议论纷纷，都说达蒙上了年轻人的当。行刑日是个雨天，当达蒙被押赴刑场之时，围观的人都在笑他的愚蠢，那真叫愚不可及，幸灾乐祸的人大有人在。但刑车上的达蒙不但面无惧色，反而有一副慷慨赴死的豪情。

追魂炮被点燃了，绞索也已经挂在达蒙的脖子上了。有胆小的人吓得紧闭了双眼，他们在内心深处为达蒙深深地惋惜，并痛恨那个出卖朋友的小人。就在这千钧一发之际，风雨中年轻人飞奔而来，他高喊着："我回来了！我回来了！"

这个消息宛如长了翅膀，很快便传到了国王的耳中。国王闻听此言，亲自赶到刑场，他要亲眼看一看自己优秀的子民。最终，国王万分喜悦地为年轻人松了绑，并亲口赦免了他的罪行。

　　这是一个真实的故事，不但感人，而且震撼人的灵魂。千百年来，有关朋友的解释有千种万种，但真正的朋友其实只需两个字，那就是：信任。

　　所以，不要去猜疑你的朋友，要知道，友情是经不起猜疑的，要对朋友保持最起码的信任，这样才能让友谊长长久久。

第三章

心灵美是一种能够引起共鸣的和谐

　　爱美之心，人皆有之，心灵美是人一生中所必不可少的修行。每个人都追求美，出众的外貌，美丽新潮的服饰，潇洒、婀娜的风度，都可令人倾倒，但那些发自心灵深处的内在美，却更能在人们心底留下烙印。心，是个没有刻度的容器，可大可小。心灵美的人，人们往往能从他及他平常的一言一行中，从他对人生、对社会、对他人以及对自己的思想感情和态度中看到他的魅力。一个人流露在外的美往往能迷惑人的眼睛，而内在美却可以深深打动人的内心。

心存善念的人美在心里

　　善良，是生命中的一种成分，无论是成功，还是失败，它都能让一种热爱的情绪高涨起来。一个在时尚、喧嚣中成长起来的人，也许可以永无寂寥之虑，但他的生命往往会流于平庸，而一个懂得善良的人，就会于沉默中酝酿出惊人的美丽。

　　法国作家雨果曾说："人世间最宝贵的是善良，因为善良是历史中稀有的珍珠，善良的人几乎优于伟大的人。"在生活中，无论时光如何斗转星移，拥有一颗健康、善良、美丽的心灵才是一个人快乐的源泉，也是永葆青春活力的秘方，心存善意的人美在心里。

　　善良的人，总是将心比心地对待别人，受人滴水之恩，必定涌泉相报，他们诚惶诚恐，就是怕对不起别人。如果他们不小心伤害了谁，自己则比受伤的人更痛苦不堪。他们也不会藏任何害人之心，若被别人伤了，也会很愤怒，但却绝对不会去以怨报怨，因为他们懂得，若与坏人一般见识，自己也就跟那坏人差不多是同类了。

　　古时候，有个生性淡泊、与世无争的老和尚安静地住在一个村子边上，每天自己挑水浇园种菜，很得村民的尊重。

　　一天，村子里发生了一件大事，一个未婚少女怀孕了，这在保守封建的当时、当地是件不得了的大事。人们纷纷责骂她，向她逼问孩子的父亲是谁。那个女孩子迫于人言，又想保护自己的情人，便说孩子是老和尚的。村民感到十分震惊：谁能想到看上去道貌岸然的老和尚竟然干出这种事情呢？村民觉得自己被愚弄和侮辱了，纷纷把鄙夷的目光和愤怒的唾沫星子丢向他，但老和尚没有辩驳。后来，那个女孩把孩子生下来后，村民们干脆把孩子也丢给了他。就这样，这个老和尚在大家心中的地位生生翻了个底儿朝天，转眼由受人尊重的高僧变成了一个人人所不齿的混蛋。可是他仍旧神态平和，行卧如常，照样念经种菜，他像对自己的亲生骨肉一样悉心照料那个孩子。这让村民们更加相信了此事和对他也愈加鄙视。

一个老人要想拉扯一个婴儿，其艰难可想而知，可是没有人帮助他。直到有一天，那个女孩和她的恋人——村子里的一个年轻人再也受不了良心的惩罚，双双跪倒在老人的面前，请他原谅。村民们此时才明白冤枉了好人。可是老人却神色如常，只是微笑地扶起他们，并替他们向村民求情，请大家成全，使这对有情人终成眷属。经此一事，人们对老和尚更加尊重了。可是老和尚却仍旧一切如常，每天只是念经、种菜。

美国作家马克·吐温称善良为一种世界通用的语言，它可以使盲人"看到"、聋子"听到"。如同故事中的老和尚一样，即使被冤枉，声名受损，但依然能悉心地照顾无辜的小生命，误会化解后又能替陷害自己的人开脱，这是一种怎样的境界？

善良的人看到一只小鸟儿伤了，会捧回家里替它疗伤；听说哪里受大灾了，会无法安然入睡；路上发现骑自行车的母亲将孩子放得不舒服了，也会主动上去提醒。他们把善良物化成每天一点一滴的行动，也许是一句温馨的话，也许是一次的随手帮助，也有可能是给予了别人自己的所有。

19 世纪初的一个夜晚，有一个年轻人在回家的路上为生计发愁，他酷爱音乐、作曲，却贫穷得连作曲的纸都买不起。这时候，在维也纳街头，有一个衣衫褴褛的小孩在叫卖一本书和一件旧衣服，他知道这孩子比他更穷。也许是于心不忍，于是他掏出所有的古尔盾（钱币）买下了那个小孩的书，而他自己却真正的一无所有了。然而，就在那本书中，他发现了诗人歌德的诗作《野玫瑰》，他一遍遍读着，在超越心灵的境界中完成了《野玫瑰》这首音乐宝库中的瑰宝。这个年轻人就是著名的音乐家舒伯特。可是有多少人知道这首名曲诞生的原因是因为一颗善良的心呢？

由此看来善良真的是一种令人怦然心动的美。授人玫瑰，他人闻香，自己手有余香！如果没有舒伯特当时的善良，也就不会出现后来举世闻名的音乐名曲《野玫瑰》了。上天是不会辜负善良的人的。

所以，做一个善良的人吧，不以善小而不为，也不以恶小而为之。可能我们会在过程中感觉到辛苦，但内心也因为付出而感到充实和满足，度过每一天也会很安然很幸福。

自私的人在别人眼中永远是丑陋的

　　自私的人，总是时刻想着自己，认为整个世界就是为了他而存在，而忽略了世间的其他人。他们总是想着扩张自己的空间，从不去想别人，也从不去看别人，只有在别人有助于他的时候，他才重视。这样的人在别人眼中永远都是丑陋的，他所渴望得到的东西，也往往难以得到。

　　人在这个世界上，往往最爱的人就是自己，这一点无可厚非，因为以自我为中心是人的本能。我们在做一些事情的时候，最先想到的，往往是我能得到什么？是否会受到损失？其实，为自己考虑是人之常情，但如果过分地只想着自己而忽视了他人的感受和利益，甚至为了自己去牺牲别人的利益，那就是自私自利了。而这些人在人群中大都是最不受欢迎的，他们在别人眼中永远是丑陋的。

　　在小时候，我们就听过孔融让梨的故事。故事中所讲述的道理连幼儿园的小孩子都懂，就是做人做事不能太自私，要先人后己。可是，有些人随着年龄的增长，忘记了最初受到的那些最浅显也是最重要的教育：不是自己的东西不要拿，做事要时时想着他人，不能光顾自己。这些道理是指引我们一生的明灯，任何时候都不可丢弃。

下面是关于自私的一个小故事：

一个人、一头驴和一只狗一同赶路，这个主人走到半路，坐在路边睡着了。

驴子停下来又香又甜地吃着草，狗却没得吃，饿得难受，只好向驴子恳求："亲爱的朋友，装饭的篮子就挂在你的背上，请你蹲下来，我想吃一点儿东西。"

驴子只顾着低头吃草，没有理它。过了好大一会儿，它才对狗说："你不要着急，等主人睡醒了，他就会拿东西给你吃的。"

这时，从树林里蹿出了一只狼。驴子连忙向狗求救，狗却说："朋友，不要着急，等主人醒了，他就会救你的。"

狗正说话间，狼已经扑上来把驴子咬死了。

驴子终因自己的自私付出了代价，这个世界上，没有人能独自生存，我们生活在这个社会中，或多或少地需要与他人发生接触，需要别人的帮助，如果太过自私，可能会遇到和驴子一样的下场。

其实，自私的原因不外乎两种，一种是品德有问题，总想占别人的便宜，但不愿付出任何代价；一种是生怕自己的利益受损，所以处处都极力维护自己的利益，即使吃一点点小亏都不肯。品德有问题的人终会为此而付出代价，这个可以不必说。但怕吃亏的人是完全可以将这一习性改掉的，我们帮助了别人，那么在我们自己有需要的时候，别人同样也会帮助你。有的时候，你将利益让给了别人，暂时吃了一点小亏，但是，你能获得大家的信任和友情，这会让你收获更多。这个世界上不懂得知恩图报的人毕竟是少数，哪怕你给乞丐一枚硬币，他尚且还要跟你点点头，说句"谢谢"，更何况是与你朝夕相处的同事、朋友呢？

自私者的算计到头来终将是一场空。

春秋时期，晋国的近邻有虞、虢两个小国，晋献公决定吞并这两个小国。于是他计划在公元前658年，先攻打虢国。但是晋军要开到虢国，就必须先经过虞国，如果虞国出兵阻拦，甚至和虢国联合起来抗晋，晋国即使实力强劲，也难于招架。这时在位的虞公贪财无义，于是晋国的荀息根据他的这个弱点，提出用宝物贿赂虞公，以便"借道"先伐虢，最后再灭虞。结果，虞公接受晋国的礼物后，不但答应"借道"，甚至愿意出兵帮助晋军。虞国大夫宫之奇向虞公进谏，讲"唇亡齿寒"的道理，但虞公这时已经被利益冲昏了头脑。就这样，在虞公的帮助下，晋献公轻而易举地把虢国给灭了。待晋军得胜回来的时候，就驻扎在虞国不肯走了，说是要整顿人马，暂住一段时间，虞公毫无戒备。谁知不久，晋军发动突然袭击，一下子就把虞国也灭掉了。

虞公正是由于自己的自私，贪图小便宜，结果将自己的整个国家也葬送了。这个代价不可谓不重。

这个世界上有形形色色的人，生存在这个世上，我们就要和不同的人来打交道。从出生的那天起，我们就与这个社会各种各样的人发生了联系。这其中，有父母的关爱，亲朋好友的关心，或邻居的关照等。渐渐的，我们长大了，入学后，有了老师、同学，以及自己的朋友。等到了年龄，你找到了男（女）朋友，结婚、生孩子等等。在这些人里，无论别人怎么样，请你都不要自私！

如果你是个自私的人，那你将会给身边爱你的人带来很大的痛苦！如果你对自己的父母自私，那你会辜负了父母对你的养育之恩。当你自私的只去考虑自己的生活现状而不去努力改变你自己的话，那你的同学，你的朋友都有可能会离你而去。

其实，为自己谋利并不是什么坏事，但你不能为了自己的利益而损害到别人，那样的话必然会给自己带来恶果的。比如很多的贪官污吏，那都是自私自利发展到一定程度的后果。他们为满足自己的物质需求，利用职权之便，贪污公款，行贿受贿，实际上拿走的是国家的钱、纳税人的钱，所以，他们必将受到法律的惩罚。如果他们不是私心过重，怎么会白白地葬送了自己的大好前程呢？

　　总的来说，做人不可以太自私，否则，终有一天会因自己的自私而付出代价。

太过自负的人往往看不到自身的缺点

自负的人往往过高地估计自己，缩小自己的短处，夸大自己的长处，对别人的能力评价过低。他们固执己见，唯我独尊，总是将自己的观点强加于人，即使是明知别人正确，也不愿意改变自己的态度或接受别人的观点。

自负，最准确的解释就是自信得过了头。由于自信与自负只有一步之遥，因此人们在现实生活中往往容易将两者混为一谈。

在行动上，人们很多时候将自负炫耀成自信。如三国时期著名的历史事件关羽大意失荆州、刘备被陆逊火烧连营，都是自负心理导致的恶果。据说刘备被陆逊所打败之际，他仰天长叹"我竟被陆逊所折辱，岂不是天意？"其实这哪里能归咎于什么天意，完全是他不冷静、不理智，为小怨而兴大兵、见小利而求速成造成的苦果。从中我们也可以看出，自负使人看不到自身的缺点，从而导致失败。

可见，为了不让自己过于盲目，成为一个失败的人，当务之急是改变自己傲慢自负的心理。可惜的是，大多数人都不能意识到这一点，反而认为自己有学识、有能力、有功劳。如果得不到他们理想中的被认可，还会觉得是他们怀才不遇。但是实际上，导致一个人自负的根本原因并非博学多才，而是因为他的无知和修养上的欠缺。相反，越是博学多才的人越是谦虚，有关古希腊哲学家苏格拉底的一个小故事，可以充分地说明这个问题。

苏格拉底学识渊博，富有智慧，但是他从来不以权威自居，为人谦虚而低调。即使是在辩论中，他也是循循善诱，让对方自己得出正确的结论。他广博的知识和谦逊的品格，赢得了世人的普遍尊敬，人们公认他是最聪明的人。

但苏格拉底却不这么觉得，他屡次纠正说："不可能！我唯一知道的事情是，我一无所知。"

可是人们仍然坚持，并且建议他到神庙中占卜一下，问问神灵的意思。苏格拉底推辞不过，只好到神庙中去占卜，结果占卜出来的结果与众人说的一样——他确实是城邦中最聪明的人。不过，即使面对神谕，苏格拉底仍然喃喃自语道："我唯一知道的事情是，我一无所知。"

但是大多数像我们一样的凡夫俗子，每天都在世俗社会中摸爬滚打，谁又能够达到苏格拉底的境界？大部分人都是"只要葫芦不要叶子"，自负得只知有己不知有人。结果成功无望不说，巨大的心理落差还会让人们叫苦不迭。

毫无疑问，骄傲和自负是人性中最普遍的弱点，任何人都必须多加注意，戒骄戒躁。即使是那些已经取得伟大成就的人，一旦骄傲自负，也会止步不前，甚至一落千丈，令人扼腕。即使是发明大王爱迪生也照样因为自负而"晚节不保"！

年轻时，爱迪生自信而且谦虚，当他因为取得了很多常人难以企及的成就而被称为天才时，他总是谦虚地说："所谓天才，不过是1%的灵感，加上99%的汗水。"此后通过不懈的努力，他又取得了多达一千多种的各类发明，被人们称为"发明大王"。可是到了晚年，爱迪生的自信就变成了可怕的骄傲和自负，这让他看不到自己的缺点，也看不到别人身上的优点，他甚至对他的助手们说："不要向我建议什么，任何高明的建议也超越不了我的思维。"结果可以想见——因为他的自负，不仅使自己停滞不前，很多颇有才华的助手离他而去，因此直到去世，他再也没有取得什么重大的成就。

无疑，自负心理给爱迪生带来的消极影响，是他自己也是全人类的巨大损失。正如那句老话说的，谦虚使人进步，骄傲使人落后。对自己保持必要的自信固然很好，但是过分的自信却往往会令人们自绝于胜利，甚至遗憾终生。

现实生活中，类似的例子更是不胜枚举：

在深圳某服装厂的例会上，厂长吴大海故作姿态地询问了那些唯唯诺诺的下属们："大家看我这个方案怎么样啊？都畅所欲言啊！张工有没有建议？没有啊，那李工呢？也没有……既然都没有，那就执行！"然后他想当然地拍了板。

"慢着！"新来的厂长助理小赵站起来，他不看大家惊讶的目光，不合时宜地阻止道："吴厂长，我认为不能这样匆忙决定，咱们得搞一个可行性方案……"

"你懂什么！"没等小赵说完，吴大海就不耐烦地打断了他。

"不能盲目乐观，否则很可能造成重大损失，现在金融危机越来……"初来乍到的小赵还想说些什么，却被旁边的营销部经理拉走了。

"真是的，我走过的桥比他走过的路还多！把本职工作干好就不错了！"对于小赵的多事，吴大海不无气愤。

"是，是！"几个部门经理附和着。在厂里，吴大海就是真理，小赵的劝谏无疑是自取其辱。

结果不言而喻，悲剧不可避免地发生了。就像小赵所说的那样，金融危机越来越严重，分厂投产后不久便被迫停产，直接经济损失达数百万元。

此外，自负还容易导致嫉妒甚至嫉恨心理的产生。因为一个自负的人，通常嫉妒心都很强。在学校里，他瞧不起成绩比他差的同学，更容不得成绩比他更好的同学；在职场中，他看不起那些能力稍差的同事、领导和客户；而对于那些比自己能力强的同事则心怀嫉妒，尤其是那些能力比自己差却高他一等的人；在生活中，他看不到别人的付出，总认为自己应该得到的更多……久而久之，这种心理日益增长，这种人就会成为一个心理阴暗、怨天恨地的人。

综上所述，我们可以自信，但绝不可自负，因为自负会蒙蔽了我们的双眼，让我们看不清自己的缺点，也看不到别人的优点，这样困于自己狭小的世界中，很难得到进步。

自卑是一种消极的自我否定

一个自卑的人只能忍受失败的煎熬，自卑会将人的雄心壮志消磨殆尽，把人拖入自暴自弃、悲观失望的深渊之中，让人痛苦不堪。每个人都以自己独立的个体而存在，要懂得欣赏自己，你有你的特长，你有睿智的头脑、善解人意的情怀。发挥自己的长处，施展自己的才华，也许你那双小眼睛就会被看做是智慧的象征。

自卑是我们每个人与生俱来的，每个人都能从自己身上找到缺陷和不足，而这种了解可以让一个人痛苦不堪。

自卑的人独自忍受着失败的煎熬。殊不知，为自己容貌不出众而发愁的人只会越来越丑，如果总是拿自己和那些美女帅哥去比，永远都能找到你五官的缺陷。但每个人都是独立存在的，你有你的优点和特长，也许你有睿智的头脑、善解人意的情怀等，能彰显你的智慧。所以，永远不要小看了你自己，不然你会白白地错失许多的机会。

美国作家诺拉·普罗菲特曾经讲述过他的一段往事：

许多年前，诺拉家还在纽约，一个春天的晚上，他到百老汇娱乐区外的一座剧院去看音乐剧，并在那里第一次听到萨洛米·贝的演唱。

诺拉被迷住了，但见观众稀少寥落让他感到很失望，于是诺拉决定写一篇评论来帮助萨洛米·贝引起公众的注意。

不过，由于他当时既不是一名职业作家，也并不是一名记者，所以当他打电话给萨洛米的时候有点退缩了，硬着头皮开始采访。诺拉尽量使自己表现得非常沉着，有深度，同时他在一个黄色的记事本上写下采访记录。

平安到家后，诺拉开始写这篇报道。但是，每写下一个字，他内心里都好像有一个细小的、严厉的声音指责他：你不是作家！也从来没有写过文章。而且，你甚至连像样的杂货清单都没有写过。你做不到的！

就这样，诺拉努力地写了很多天，写了改，改了写，重写重改，把一份草稿改了无数遍。好不容易，终于定稿了。诺拉把它打印出来，装进一个大信封里寄出去。当邮差把信取走之后，诺拉就开始猜测需要多长时间才能收到杂志编辑寄来的回复信。

三个星期后，诺拉的原稿被放在诺拉自己写的信封里寄回来了。这让诺拉感觉受到了侮辱，他开始质疑自己，怎么能和一群以写作为生的职业作家竞争呢？诺拉没有勇气面对编辑的拒绝信，于是他没打开信封就把它扔进了最近的一个橱柜里，并很快就把它忘记了。

五年后，诺拉要搬往别处，结果，在清理橱柜的时候，他又无意中发现了那封信。信封里除了稿子以外竟然还有一封编辑写给诺拉的信。

亲爱的普罗菲特，你写的有关萨洛米·贝的故事非常好。我们需要在文章里增添一些引证。请把那些资料加进去，然后，立即把文章寄回来。我们将在下一期的杂志上把你的作品刊登出来。

诺拉惊呆了，因为当初的自卑，害怕被拒绝使他付出了昂贵的代价，他至少失去了500美元的稿酬，失去了让自己的文章在一份重要杂志上发表的机会，失去了证明他能够成为职业作家的机会。

这件事对诺拉的影响可以说是深重的，在诺拉作为一名全职的自由作家六年，发表了100多篇文章后，回顾过去的那次经历，诺拉获得了一个非常重要的教训，自卑需要付出很昂贵的代价。

如果我们被自卑所控制，就很容易像诺拉·普罗菲特那样，它会将我们的雄心壮志消磨殆尽，甚至被拖入自暴自弃、悲观失望的深渊之中，也让我们抓不住自己的机遇。一个人如果产生自卑，对自己不再信任，不仅会因缺乏自信而丧失良机，还极有可能自暴自弃，消极颓废，自毁人生，甚至会影响到身体健康。

其实，自卑无处不在，问题是怎样去面对它。奥地利著名的心理学家阿尔弗雷德·阿德勒认为："自卑感是每个人都有的，自卑会让人发现自己的不足，激励个体奋发图强，进而获得成功；然而，在面对比自己更成功的人时，又会再次自卑。这样，自卑与激励循环往复、永无止境。"而说出这番话的阿德勒本身也曾是个非常自卑的人，只是他将自卑化为动力，获得了成功。

1870年，阿德勒在奥地利维也纳郊区一个富裕的谷物商人的家里出生。他从小因患脊柱症而驼背、身体羸弱、行动笨拙，喉部也常因哭叫而感觉窒息，因此他的整个童年都生活在自卑和不幸之中，每每看到哥哥健康活泼的身影，他便不由自主地自惭形秽、自卑起来。不同的是，他一次次超越了自卑，并一步一步走向成功。

阿德勒超越自卑获取成功，是值得我们学习的，那么我们应该怎样超越自卑呢？这就要从"五从"做起：

1. 从小事做起

成功是自卑的克星，可以先做一些容易获得成功的小事。试着从身边力所能及的事情做起，在这些小小的成就中肯定自我，一步步找回自信。

2. 从长处做起

每个人都有属于自己的优点，不要总是盯着自己的缺点、别人的优点，拿自己的缺点去比别人的优点。即使是亚洲歌后王菲也曾自卑过，不过后来她通过找到自己的爱好而克服了自卑。我们可以像王菲这样，先做一些自己一直感兴趣的事情。

3. 从小时候想起

找到自卑的根源，有些严重的自卑心理来自小时候受到过的创伤，也许你自己也已经不记得了，此时你可以寻求心理医生的帮助。

4. 从鼓励自己做起

进行积极的自我暗示，鼓励自己。例如：一直坚信"我能做好，没有问题""我有能力做得更好"等，只要成功了一次，就可以形成良性循环，赶走自卑。

5. 从交往做起

自卑常常伴有孤僻，使你不愿意与人交往，容易钻进自卑的"牛角尖"里出不来。多交朋友，从朋友身上可以学习到很多东西，包括自信。

综上所述，自卑是我们无法避免的一种心理反应，是一种消极的自我否定，但只要克服了这种消极心理，反而能让我们发现自己的所长，在超越自卑中得到成长。

懂得与人分享才能感受快乐

　　甘于分享是豁达，懂得分享是智慧。生活中一个懂得分享的人，就是一个有爱心和责任心的人，他们是生活中知冷暖、知风雨的人。当我们分享美食时，就懂得了厨师的辛劳，分享丰收的果实时，就懂得了花开的过程和劳作的辛苦；当分享喜悦之时，就要懂得付出者的汗水和泪水。

　　在生活中，我们都离不开伴侣，可以是朋友、爱人，他们与我们一起分享我们的快乐和痛苦。分享是一种快乐，没有人分享的人生，无论面对的是快乐还是痛苦，都是一种惩罚。

　　从前，有一位犹太教的长老，酷爱打高尔夫球。一次，在一个安息日，他忍耐不住，很想去挥杆，但根据犹太教规定，信徒在安息日必须休息，什么事都不能做。

　　可是，这位长老却忍不住了，他偷偷地一个人到了高尔夫球场，想着打九个洞就好了。

　　这天，球场上一个人也没有，因此长老觉得不会有人知道他违反规定。

　　然而，当长老在打第二个洞时，被一个天使发现了，天使生气地到上帝面前告状说："有一个长老不守教义，居然在安息日出门打高尔夫球。"

　　上帝听了，便答道："我一定会好好惩罚这个长老。"

　　于是，奇迹出现了，从第三个洞开始，长老每次都打出超完美的成绩，几乎都是一杆进洞。

　　长老兴奋极了，连续打到第七个洞，都非常完美。这时，天使跑到上帝面前，问道："上帝呀，你不是要惩罚长老吗？为何还不见有惩罚？"

　　上帝说："我已经在惩罚他了。"

　　直到打完第九个洞，长老都是一杆进洞。因为打得太神乎其技了，于是长老决定再打九个洞。

　　天使又去找上帝了："到底惩罚在哪里？"

　　上帝只是笑而不答。

　　打完十八个洞，成绩比任何一位世界级的高尔夫球手都优秀，把长老乐坏了。

　　天使很纳闷："这就是你对长老的惩罚吗？"

　　上帝说："正是，你想想，他有这么惊人的成绩，以及兴奋的心情，却不能跟任何人说，这不是最好的惩罚吗？"

　　就如培根说的那样："如果你把快乐告诉一个朋友，你将得到两份快乐……"像故事中的长老这样，即使拥有很好的成绩，但是也不能说出来与人分享，只能自己一个人穷开心，这也是一种惩罚。

　　自私的人，心中容不下一粒沙子；相反，懂得与人分享的人，心中可以包容全世界。看看下面这个"橘子为什么会长成一瓣一瓣的呢？"的故事，看你会不会有一些新的感悟。

一个春天的下午，太阳暖洋洋地照在大地上。一对母女在街心花园里玩耍。小姑娘看上去三岁，一身鹅黄色的衣裙，头上戴着一个大大的蝴蝶结，跌跌撞撞地跑来跑去，追逐着低飞的花蝶；年轻的母亲则在旁边的长椅上静静地坐着，微笑着注视着女儿的一举一动……

由于长时间地跑动，小女孩头上的蝴蝶结有些松动了，红扑扑的脸蛋上也沁出了细细的汗珠。细心的妈妈看到了，心疼地叫道："囡囡，快过来，妈妈帮你系系你那漂亮的蝴蝶结。"

小女孩听了，一路蹦蹦跳跳到妈妈身边，让妈妈帮忙重新系好蝴蝶结。之后，妈妈又轻巧地把一个剥开的橘子放到她的手掌上，"先吃完这个橘子，然后再玩吧。"

小姑娘接过后，好奇地把这个橘子捧在手心里举起来，对着阳光，眯起眼睛来仔细地看。突然，她闪着疑惑的眼睛问妈妈："为什么橘子是一瓣一瓣的呢？"

妈妈愣了一下，想了想，就笑着说："你听！这个橘子不是正在告诉你，'我长成这个样子，就是希望你能和大家一起来分享我，而不是一个人自己吃哦！'"

小姑娘似懂非懂地点了点头，接着，她就从上面掰下最大的一瓣，踮起脚塞进了妈妈的嘴里。然后，又高举着那个橘子，跑向坐在不远处的一对老夫妇……

懂得分享的人是幸福快乐的，就像故事中的这个小女孩似的，她将快乐掰成了好几块分给别人，让他人也感觉到了她的快乐和无私。其实，分享是一种理念，一种双向的沟通，彼此给予，是与他人共享快乐、幸福、思想、经验……分享促人成长并走向成熟。

所以，当你找到快乐时一定要记得与别人分享，因为快乐是可以传递的，你播撒的种子越多收获也就越多。可能是一本好书，一句幽默的话，一些有趣的电视节目，往往都会使你拥有一天的好心情。在分享快乐的过程中，不经意间，你会发现快乐也能碰撞出绚丽的火花，在每一次交流中我们都会收获友情、知识，也收获了快乐。

难怪有人说，分享快乐是一个人在社会的各种行径中的制胜法宝，你如果是一个爱分享快乐的人那么你将在你的社会道路上畅通无阻！

宽容受益的不只是别人，还有自己

宽容和气度，不是天生的，而是高度的智慧和高度的自我克制。古语说，"宰相肚里可撑船"，只有胸襟开阔眼光锐利的人，才有运用智慧的能力。

宽容是人生的一种智慧，是一种修养，也是一种风度和气质。是建立良好人际关系的法宝。

宽容以海纳百川的胸怀待人，才能让自己心态平和、心胸开阔，心里永远充满阳光。

曾读过这样一个故事：

一位画家在集市上卖画，一位大臣的孩子前呼后拥地走来，在年轻时画家的父亲曾经被这位大臣欺诈得心碎地死去。这孩子在画家的作品前流连忘返，并且选中了一幅，但画家却迅速地用一块布把它遮盖住，声称这幅画不卖。

此后，这孩子因为这事儿病了，他父亲也出面，表示愿意付出高价买画。可是，画家宁愿把这幅画挂在自己画室的墙上，也不愿意出售。他阴沉着脸，坐在画前自言自语地说："这就是我的报复。"

每天早晨，画家都会画一幅他信奉的神像，可是现在，他觉得这些神像与他以前画的神像日渐相异。这使他十分苦恼，他不停地找原因。然而有一天，他惊恐地丢下手中的画，跳了起来。他刚画好的神像的眼睛，竟然是那大臣的眼睛，连嘴唇也是那么的酷似。

他把画撕碎，并且高喊："我的报复已经回报到我的头上来了！"

这个故事告诉我们，一个心存报复的人，自己所受的伤害会比对方更大。因为，报复会让一个好端端的人趋向疯狂的边缘，还能把无罪推向有罪。现在有很多的刑事案件就是因报复而引起的。

经心理学家研究证实，报复心理非常有碍健康，高血压、心脏病、胃溃疡等疾病就是长期积怨和过度紧张造成的。有一位好莱坞的女演员，失恋后怨恨和报复心使她的面孔变得僵硬而多皱，她去找一位最有名的化妆师为她美容。这位化妆师深知她的心理状态，中肯地告诉她："你如果不消除心中的怨和恨，我敢说全世界任何美容师也无法美化你的容貌。"

在工作和生活中，有了无法避免的怒气，这就要我们学着适度地释放它，不要自我封闭。要学会适度宣泄，如找朋友倾诉或是干脆痛快地哭一场。我们应宽解自己，少发脾气，快乐地过好每一天。

曾经，一位企业家在医院进行诊疗时，医生劝他多多休息。但病人愤怒地抗议说："我每天承担巨大的工作量，每天都得提一个沉重的手提包回家，里面装的是满满的文件，没有一个人可以分担一丁点的业务。"

医生诧异地问："为什么晚上还要批那么多文件呢。"

病人不耐烦地回答："那些都是必须处理的急件。"

医生问："难道没有人可以帮忙吗？助手呢？"

"不行呀！只有我才能正确地批示呀！而且我还必须尽快处理完，

要不然公司怎么办呢？"

"这样吧！现在我开一个处方给你，希望你能照着做。"医生有所决定地说道。

这病人接过医生的处方，只见上面写道：每天散步两小时；每星期空出半天的时间到墓地一趟。

病人怪异地问道："为什么要在墓地待上半天呢？"

"因为……"医生不慌不忙地回答："我希望你四处走一走，瞧一瞧那些与世长辞的人的墓碑。他们生前也与你一样，认为全世界的事都得扛在双肩，如今他们全都长眠于黄土之中，将来有一天你也会加入他们的行列，而其他世人则仍如你一般继续工作。我建议你站在墓碑前好好地想一想这些摆在眼前的事实。"医生这番苦口婆心的劝说终于敲醒了病人的心灵，此后，他依照医生的指示，开始释缓生活的步调，并且转移一部分职责。他比以前活得更好，事业也蒸蒸日上。

如故事中的这位企业家一样，有时为缓和四处蔓延的紧张气氛，我们也要对自己宽容些，首先应该放缓生活步调，使心情回复平静，让自己不再焦虑暴躁。

我们不仅要宽容别人，也要对自己多宽容，不要太过苛求。正如一位哲人说的，宽容和忍让的痛苦，能换来甜蜜的结果。

古时候，陈嚣与纪伯是邻居。有一天夜里，纪伯偷偷地把陈嚣家的篱笆拔起来，往后挪了挪。陈嚣发现后，心想，你不就是想扩大自己的地盘吗，我满足你。他等纪伯走后，又把篱笆往后挪一丈。天亮后，纪伯发现自家的地又宽出了许多，他心中很惭愧，于是主动找到陈家，把多侵占的地统统还给了陈家。

忍让和宽容说起来简单，可做起来并不容易。我们谁都会碰到个人的利益受到他人有意或无意侵害的时候。如果能像陈嚣那样再寻找出一条平衡自己心态的理由，说服自己，那就能把忍让的痛苦化解，产生出宽容和大度来。即使在感情无法控制时，也要管住自己，忍一忍，就能抵御急躁和鲁莽，控制冲动的行为。

在生活中，忍让和宽容不是怯懦胆小，而是关怀体谅。忍让和宽容是给予和奉献，这是人生的一种智慧，是建立人与人之间良好关系的法宝，受益的不只是别人，还有自己。

虚伪是罪恶之源，诚信是做人之本

人与人之间的交往说到底就是心与心之间的交流，所以我们一定要以诚信为本。试想一下与一个虚伪的人长期交往，如何让人感觉到放心呢？这样的人怎么会得到真正的朋友呢？

人的一生中，与陌生人、朋友、亲人特别是与爱人到底该怎样相处，是该虚伪的做作还是真诚地面对他们呢？这个问题让很多人都非常困扰。因为如果诚实地面对他们，肯定会在很多时候说出一些对方并不愿意听到的话，但虚伪待人，却又是大多数人不愿意去做的。须知，虚伪是罪恶之源，诚信是做人之本。

种下虚伪的种子，也只能开出虚伪的花，你以虚伪待人，人们也不会待你以诚。林肯曾经说过："你可以骗部分人一世，骗所有人一时，但你不可能骗所有人一生一世。"倘若一个人总是虚伪地应付讨好他人，那么，总有一天会被别人识破的，到时不仅自己难堪，恐怕别人也会远离你，毕竟虚伪的人让人难以信任。

而诚信是做人的根本。人与人之间，唯有诚信是最好的通行证。

据说，每个人的脑子里都有两个小人儿，他们一个叫诚信，一个叫虚伪。

虽住在同一屋檐下，但平日里，两者却是势同水火，互不两立，互相掐架是再平常不过的事情了。

有一天，一个淘气的小男孩发现了父亲新买来的小斧头，手痒痒地想试试这把斧头的锋利程度。于是他拿着斧头来到果园，抡起斧头，使出全身力气向一棵小樱桃树砍去，一斧下去，那棵小樱桃树顿时就断成了两截。小男孩很满意这把斧头的锋利，便得意地将斧头放回了原位，找小朋友玩去了。没一会儿，男孩的父亲看见断成了两截的樱桃树，十分生气，便找来仆人，厉声呵道："樱桃树是谁砍的？"并放出话来，若仆人说不出个所以然，便要将仆人赶走。小男孩听了急了，有些不知所措。"到底要不要向父亲承认樱桃树是我砍断的呢？说了定然会被责骂一番甚至是挨顿打，但是如果不说的话，岂不是……"

此时，小男孩脑中的诚信小人和虚伪小人各自站了出来。

"孩子，诚信是一个人最宝贵的品质，只有讲诚信、守信用的人，才能得到别人的尊重。去向你父亲认个错吧，他会原谅你的，他一定懂的，一棵小小的樱桃树再怎么值钱和珍贵，也比不上自己儿子诚信的品质重要，孩子！"诚信小人好言劝道。

"去！去！去！"，虚伪小人在一旁好不耐烦地吼道，并一副大仁大义的样子："别听他瞎说！你想想，要是你说了，你不是被打就是被骂，到时候够你受的！那个仆人的去留与你何干，你就装什么都不知道。人人都是戴着面具，虚伪地过活，他们个个都享受着荣华富贵，告诉你，做人还是得虚伪一点，别听他胡说！"

小男孩依旧犹豫不决、摇摆不定，而诚信小人和虚伪小人也在他脑中吵得不可开交，甚至大打出手。

最后，二者终于决出了胜负。小男孩到父亲跟前，勇敢地说出了事情的真相，果然像诚信小人所说，父亲不仅没有责备小男孩，反而对他的诚信倍加赞赏。

此后许多年里，小男孩脑中的诚信小人一直战胜着虚伪小人。直到多年后，小男孩长大成人，成为美国第一任总统——华盛顿！

这个故事是我们大家所熟知的，故事中诚信的主题似乎也说得多了，但无论世事如何变迁，仍不能改变诚信这一品质于我们的重要性。

生活在当代的我们，虽然体验着各种各样高科技、信息化的产品，享受着丰富多彩、高品质的生活。但是，不讲诚信、虚伪的人终将四处碰壁，毫无人缘。可见，于我们，诚实守信的品质更是不可或缺。

学会感恩，一个人的内心才会平和淡定

如果你不能对目前所拥有的事物真心的感激，那么你就不可能为你的生命带来更多。

我们每个人都应该明白，生命的整体是相互依存的，世界上每一样东西都依赖其他一些东西而存在。无论是父母的养育、师长的教诲、配偶的关爱、他人的服务、大自然的慷慨赐予……人自从有了自己的生命起，便沉浸在恩惠的海　洋里。

传说，有个寺院的住持，给寺院立下了一个特别的规矩。每到年底，寺里的和尚都要面对住持说两个字。第一年年底，住持问一个新来的和尚，心里最想说什么，新和尚说："床硬。"第二年年底，住持又问这个和尚心里最想说什么，新和尚说："食劣。"第三年年底，新和尚没等住持提问，就说："告辞。"住持望着新和尚的背影自言自语地说："心中有魔，难成正果，可惜！可惜！"

住持说的"魔"，就是新和尚心里的不满，这使他只考虑自己要什么，却从来没有想过别人给过他什么。有哲人曾经说过，世界上最大的悲剧和不幸就是一个人大言不惭地说，"没人给过我任何东西。"像新和尚这样的人在现实生活中很多，他们这也看不惯，那也不如意，怨气冲天，牢骚满腹，总觉得所有人都欠他的，从来感觉不到别人和社会对他的生活所做的一切一切。这种人心里只会产生抱怨，不会产生感恩。

有两个在沙漠的旅人行走多日，在他们口渴难忍的时候，碰见一个吆骆驼的老人，老人给了他们每人半瓷碗水。面对同样的半碗水，两个人的态度截然不同，一个抱怨水太少，不足以消解他身体的饥渴，结果竟不小心将半碗水洒掉了；另一个也知道这半碗水不能完全解除身体的饥渴，但他怀着感恩之心喝下了这半碗水。结果，前者因为拒绝半碗水死在沙漠之中，后者因为喝了半碗水，终于走出了沙漠。

这个故事告诉人们，那些对生活怀有一颗感恩之心的人，即使遇上再大的灾难，也能熬过去。感恩者遇上祸，也能将祸变成福，而那些常常埋怨生活的人，即使遇上了福，也会将福变成祸。

另外，还有一个真实的故事。

有一年，当代科学大师霍金在北京科学会堂作完学术报告，报告非常精彩，观众们还沉浸在闪烁思想火花的精彩绝伦的报告当中，这时一位年轻的女记者急切地走到这位科学大师面前，提出了一个十分不解的困惑："霍金先生，颅伽雷病已将您永远地固定在轮椅上了，您难道没有为自己已失去太多而悲伤过吗？"

霍金微笑着缓缓地抬起手臂，用不大灵便的手指，一点一点艰难地敲击着胸前的键盘，宽大的投影屏上，也缓慢而醒目地显示出了下列几行文字：

"我的手指还能够活动，

我的大脑还能思维；

我有终生追求的理想，

有我爱和爱我的亲人和朋友；

最重要的是，我还有一颗感恩的心……"

骤然间，肃穆的会场上再次响起如潮的掌声，人们纷纷拥上台前，向这位坦然面对磨难、挑战艰难并不断铸就辉煌的人生斗士表示深深的敬意。

霍金的故事，教给了我们一堂十分重要的人生课——做人，要常怀感恩之心。

如果你不能对目前所拥有的事物真心的感激，那么你就不可能为你的生命带来更多。为什么？因为当你没有感恩之心时，你的思想和感觉都是负面的。这些感觉都无法把你想要的东西带给你，它们都只会把你不想要的送来给你。这些负面情绪阻断了属于你的好运的降临。

所以说，要学会感恩，感激你现在所拥有的。当你开始去感激生命中值得感恩的一切，你将会感到惊讶，这世上能让你感恩的事竟然多得数不完。你会惊喜地发现，你将会被锁定在感恩的频率上，一切美好的事物都将属于你。

奉献本身也是一种快乐

如果一个人只考虑自己的利益，只知道接受，而在接受之后不懂得奉献，那么结果是让人难以忍受的。这就像农夫耕作一样，在秋收时间尚未来到前，播种、插秧与除草，每一个栽培的动作，他们都一定要尽心尽力地付出，因为只有这样他们才会取得丰硕的收获。

人生需要追求，需要奉献。有奉献，才有收获，而奉献本身就是一种快乐。

著名的科学家爱因斯坦曾经提醒我们，"请记住，人是为别人而生存的。我们的精神生活和物质生活都依赖着别人的劳动，我们一定要以同样的分量来报偿我们所领受了的和正在领受着的东西。"

人生在世，不劳而获这样的事情是很少的，即使有幸运之神光临你的身边，但在你还未取得之前，还是要先学会付出。

很久以前，有个人在沙漠中穿行，可是不幸的是，他遇到了可怕的暴风沙，从而迷失了方向。他独自一人在沙漠中行走了两天后，烈火般的干渴几乎摧毁了他生存的意志。沙漠就仿佛一座很大的火炉，要蒸干他周身的血液。绝望中，他却意外地发现了一幢废弃的小屋。

他拼足了最后的气力，爬进堆满枯木的小屋，居然发现在枯木中隐藏着一架抽水机，他兴奋得无以复加，立刻拨开枯木，上前汲水，可惜的是，折腾了大半天，他也没有抽出半滴水来。

他再一次绝望了，颓然地坐在地上，结果发现抽水机旁有个小瓶子，瓶口用软木塞堵着，在瓶上还贴了一张泛黄的纸条，上边写着：你必须用水灌入抽水机才能引水！不要忘了，在你离开前，请再将瓶子里的水装满！

他激动地拨开瓶塞，望着满瓶救命的水，干渴与理智让他内心无比挣扎："我只要将瓶里的水喝掉，能不能活着走出沙漠还很难说，但起码能活着走出这间屋子！倘若把瓶中唯一救命的水，倒入抽水机内，或许能得到更多的水，但万一汲不上水，我恐怕连这间小屋也走不出去了……"但最终，他还是把整瓶的水，全部灌入那架破旧不堪的抽水机里，接着便用颤抖的双手开始汲水了……水真的涌了出来！他痛痛快快地喝了一顿，然后将瓶子里装满了水，重新用软木塞封好，又在那泛黄的纸条后面写上：相信我，真的有用。

几天之后，他终于穿过沙漠，来到了绿洲。每当他回忆起这段生死历程的时候，他总要告诫后人：在获取之前，要先学会奉献。

其实，我们的人生也是这样，在通往成功和富足的道路上，我们所缺少的并不是获得扶持的机遇，而是我们自己无法好好把握它。正如故事中的那个人，如果他喝光了瓶中的水，那他就永远也看不到抽水机奔涌出来的水了。所以，这就要求我们先学会奉献，因为只有这样我们才不至于错过机会，才不至于让我们在人生的道路上留下太多的遗憾。

如果一个人只考虑自己的利益，只知道接受，而在接受之后不懂得奉献，那么结果是让人难以忍受的。这就像农夫耕作一样，在秋收时间尚未来到前，播种、插秧与除草，每一个栽培的动作，他们都一定要尽心尽力地付出，因为只有这样他们才会取得丰硕的收获。

在巴勒斯坦境内，有两个名字叫"海"的湖泊，这两个著名的湖泊各有各的特色。

其中一个叫"加黎利海"，是一个很大的湖泊，水质清澈甘甜，可以供人们饮用，因为湖水无比清澈，所以连鱼儿在水中悠游的景象也可以清晰地看见，而且附近的居民也喜欢到此处游泳和嬉戏。在加黎利海的四周全部都是绿意盎然的田园景观，因为环境清幽，所以有很多人都把他们的住宅与别墅建在湖边，享受这个犹如仙境的美丽景致。

另一个名字叫"死海"，也是个湖泊，它也正如其名，水不但是咸的，而且还有种怪味道，不仅人们不敢拿来饮用，并且连鱼儿也无法在这个湖泊中生存。在"死海"的岸边，连株小草都无法生长，更别提让人们选择居住在这里了。

两个湖泊其实都是出于同一个源头，这才是令人好奇的。人们后来发现，它们之所以会有这么大的不同，是因为"一个有'接受'也有'付出'；另一个则是，'接受'后便'存留'起来。"

原来，在加黎利海，有入口也有出口，当约旦河水流入加黎利海之后，水会继续流出去，这样一来，水流不但生生不息，而且也会不断地循环更换，水质自然就清澈干净了。而死海只有入口没有出口，当约旦河水流入之后，水就被完全封锁在死海里。于是，在这个只进不出的湖泊中，所有的污水或废水也全部都会聚在这里，因为它只知道自私地保留己用，最终的结果就和它的名字一样，成了没有人愿意亲近的死海。

因为加黎利海肯付出，所以它的收获，正是干净的湖水与热闹的人潮，它如同辛勤耕作的农夫，天天耕耘，努力付出，自然就得到了应有的成果。至于一味地接受而没有付出的死海，结果则是贫瘠与足迹罕至。它就像一个不问付出只问收获的农夫，在撒下种子以后，任由秧苗生长，即便是杂草丛生、土壤干涸也置之不理，到了秋收的时节，那么他又怎么能看见丰收的景象呢？

有奉献才会有收获，只有不断流动更替的水才会充满氧气，这样一来，鱼儿才会在舒适的空间生存，为湖泊增添生命活力。有舍才会有得，只要我们不吝于奉献，我们便能腾出新的空间，容纳新的机会，同样也会收获更多的果实。

懂得奉献的人总是能够轻易地拥有快乐：

有一个馒头店的老板，他的店每天只蒸三笼，每次固定蒸120个馒头。出售100个，剩余的20个则接济老人和孩子。在生意好时，馒头一出笼就会被抢光，但不论客人如何要求，他从来不肯把多出的20个馒头出售。

每次老板都是用十分坚定的口吻拒绝每一个想要买的客人："这是送的，不卖！"说着，他用夹子把热乎乎的大馒头分送给老人和孩子。在那一刻，老板黝黑的脸上绽放出明亮的光彩，那种动人的亲切和笑容，是其他顾客看不到的。

懂得奉献的人往往也懂得生活，而奉献本身就是一种快乐。上例中的馒头店老板把馒头送给老人和孩子，这使老人和孩子感受到了快乐，而老板则是通过看到自己的行动给别人带来的快乐，自己也感受到快乐。

在现实生活中也是如此，当你敞开心胸，乐于付出的时候，快乐、喜悦和收获，便会进入你的心中，这时候，你便会体会到真正的快乐——付出本身就是快乐！例如：你在公共汽车上给别人让座，别人会感到很开心，你也会很快乐；你为父母买了一些生活用品，父母的脸上会露出亲切的笑容，你也会因此而感到快乐；你为辛苦了一天的老师送上了一杯热腾腾的开水，老师会真诚地向你说一声"谢谢"，你也会因此感到欣慰；你考试成绩考好了，你会感到喜悦，因为你的努力和付出得到了回报；你在工作上取得了好成绩，你会快乐，因为你通过自己的努力得到了收获，同时也得到了肯定……

综上所述，在人生道路上，要想获取什么，就要先想想我们能给予什么，奉献并不是吃亏，恰恰相反，在奉献的同时，我们也能得到快乐。

勤劳不一定带来成功，懒惰一定会带来失败

成功的人之所以成功，必有其道理，即使勤劳不在其中占有主要因素，但也是重要因素之一；而失败的人之所以失败，则多数是因为懒惰。

古往今来的无数事实证明，"一勤生百巧，一懒生百病"，勤奋乃成功之道，懒惰为衰败之源。换言之，勤劳不一定会带来成功，但懒惰一定会带来失败。社会上所有的物质、财富、知识、荣耀、功名等等都建立于辛勤劳作的汗水之上。成功的人不一定是聪明的人，但一定是勤奋的人。

我们的老祖宗早在几千年前就已经洞察了天机，并留下一句简洁朴素的千古真理——天道酬勤。在这个世界上，机会是均等的，上天只会垂青和照顾那些勤劳勇敢的人，那些孜孜不倦忘我工作的人。劳动就是生活，懒惰将会使人误入失败的深渊。

刘海和陈宇两个大学生同时进了一家公司同一个部门工作。经理很看重刘海，三年间，他连升了三级；而陈宇只调了一次薪。陈宇为此心里很不服，觉得这实在是不公平，他心想：我与刘海都是大学生，又是同时进厂，能力也差不多，凭什么刘海的机会就那么好？于是，他决定找经理"讨个说法"。

谁知，经理很轻松很幽默地说："我也说不清为什么，大概是因为我每天总是看见他上班最早下班最迟；每次交代的工作他总是第一个完成；每次活动或评比跑来跑去的是他；每次在办公室擦玻璃拖地板的是他，倒垃圾的也是他。大概就是这些吧，他这样让我感动，陈宇，你说我不给他机会行吗？"

刘海的成功就在于他的勤劳，他愿意比别人多干一些，所以他也就拥有比别人更多的机会。不仅仅是他这样的普通人，即使是李嘉诚那样的大富豪，也认为他的成功来源于他的勤劳。

华人首富李嘉诚被评为"终身成就奖"后，很多人问他："你做生意这么成功，做人这么成功，有什么秘诀呢？"李嘉诚笑着说："我哪有什么秘诀，只不过我做任何事情都比别人快一点，愿意多付出一点而已。"这话不假，李嘉诚十二岁做茶楼小伙计的时候，他最勤快，客人和老板都很喜欢他。于是，一个客人要他去帮忙做塑料桶的销售员，李嘉诚的人生正是从这里开始有了第一个转折的机会。

如果李嘉诚也像一般的小伙计，能懒就懒，能拖就拖的话，也许就永远做他的店小二了。他在平时的工作生活中将这种勤奋刻苦的精神发挥得淋漓尽致，也因此获得了一个又一个发展机会，并最终开创了人生和事业的辉煌。

毫无疑问，懒惰者是不能成大事的，因为他们总是贪图安逸，遇到一点风险就被吓跑了；另外，他们还缺乏吃苦实干的精神。但对成大事者而言，他们只相信勤奋者必有所获。

懒惰、好逸恶劳乃是万恶之源，懒惰会吞噬一个人的心灵，轻而易举地毁掉一个人，乃至一个民族。

历史上，亚历山大征服波斯人之后，他亲眼目睹了这个民族的生活方式。他发现，波斯人的生活十分腐朽，他们只想舒适地享受一切，厌恶辛苦的劳动。亚历山大不禁感慨道："没有什么东西比懒惰和贪图享受更容易使一个民族奴颜婢膝的了；也没有什么比辛勤劳动的人们更高尚的了。"

由此可见，不管是对个人还是对一个民族而言，懒惰都是堕落的、具有毁灭性的。懒惰是一种精神腐蚀剂，它让人们不愿意爬过一个小山岗，也不愿意去战胜那些完全可以战胜的困难。

比尔·盖茨曾经引用过一位名人的话，"一个无所事事的懒惰人，不管他多么和气、令人尊敬，不管他是一个多么好的人，不管他的名声如何响亮，他过去不可能、现在不可能、将来也不可能得到真正的幸福。生活就是劳动，劳动就是生活，懒惰将会使人误入失败的深渊。"因此，那些生性懒惰的人不可能在社会生活中成为一个成功者，他们永远是失败者。成功只会光顾那些辛勤劳动的人们。

懒惰是一种恶劣的精神重负。人们一旦背上了懒惰这个包袱，就只会整天怨天尤人、精神沮丧、无所事事。

有些人终日游手好闲、无所事事，干什么都不愿多花力气、多下工夫，他们总是有各种漂亮的借口，不愿意好好地工作、劳动，却常常会想出各种主意和理由来为自己辩解，甚至总想不劳而获，成天盘算着去掠夺本属于他人的东西。他们总是很轻易地原谅自己的懒惰，给自己这样或那样的理由，比如"那山太难爬了"或者"那没必要试，我已经试过多次了都没有成功，无需再试了"等。针对这种种诡辩，华盛顿曾写信给一位年轻人说：

"你这懒惰行为，所谓没有时间等等，都只是一种借口，你总是用种种漂亮的借口来为自己辩解，我看你最根本的一条就是不肯努力，不肯下工夫，你的理论就是每一个人都会把他能干的事情干好的。如果有哪一个人没有干好自己的事情，这表明他不胜任做这件事情。你没有写文章表明你不能够写，而不是你不愿意写。你没有这方面的爱好证明你没有这方面的才干。这就是你的理论体系——一个多么完整的理论体系啊！如果你这个理论体系能为大众普遍接受的话，它将会产生多大的负面作用啊。"

确实，如果你想拥有某种东西，却因为害怕而不敢或不愿付出相应的劳动，这是懦夫的表现。无论多么美好的东西，人们只有付出相应的劳动和汗水，才能懂得它的来之不易，也才会愈加珍惜，人们才能从这种拥有中享受到快乐和幸福，这是一条万古不变的原则。

几乎我们每个人都会有想要偷懒的时候，这是人的惰性，但问题是我们面对它时我们会怎么处理。有的人浑浑噩噩，意识不到这是懒惰；有的人寄希望于明日，总是幻想美好的未来；而更多的人虽极想克服这种行为，但往往不知道如何下手，因而得过且过，日复一日。

那么，我们具体应该怎样同懒惰作斗争呢？

1. 做一些难度很小的事或是你最爱干的事，也可以做些你想了很久却一直没做的事，不要只看结果。

2. 遇到挫折时，生气于事无补。正确的做法应该是冷静地查找问题所在，可以自己解决，或是与别人商量，哪怕只是争论一番也可能对扫除障碍有益处。这个过程带来的喜悦能使你更加好学。

3. 学会肯定自己，将自己的不足变为勤奋的动力。学习、劳动时都要全身心投入，争取做到最满意的结果。无论结果如何，都要看到自己努力的一面。

这样努力一段时间后，你会发现自己不再像以前一样为做了某件事而感到遗憾，而且以坚强的毅力、乐观的情绪，脚踏实地地实践着由易到难并不断更换目标，是我们每一个人都可以做到的。正如克服任何一种坏毛病一样，克服懒惰，是件很困难的事情，但是只要持之以恒，那么，一定可以将它克服的。

综上所述，勤劳不一定会带来成功，但懒惰是一定会带来失败的，因此，我们一定要克服自己的懒惰习气，不要让这种坏毛病毁了我们的未来。

第四章

气质是一种看不到的尊贵

在现实生活中，气质是有形也是无形的。它是一种看不到的尊贵，能紧紧地拴住人们的感官，给人留下难以磨灭的印象。无论是男人还是女人，只要他或她拥有了气质，就能散发出一种迷人的持久的魅力。气质的魅力是持久的，不会因为时间的推移而年长色衰，也不会因为失去华服豪饰而掉色。它就像一位雕刻师，在人们的生活中一点点地雕琢着人们本身。而气质之美，靠的是形外真挚的表现，以及内在质朴的心灵！

从容淡定的人眼中没有波澜

从容与淡定是我们待人接物的一种态度，它会慢慢地内化成我们的气质。当然，这并不是要我们无牵无挂、无欲无求，也不是狂妄自大、唯我独尊，而是对人、对事的清醒与理智，能够参透事物发展的规律，把握生活的一般逻辑。

有一位皮筏艇教练常常提醒队员说："要想赢，就得慢慢地划桨。"如果划桨的速度太快的话，会破坏船行的节拍；而如果搅乱节拍，要再度恢复正确的速度就很难了。欲速则不达，这是千古不变的法则。

不仅划船，平时的工作或生活，都必须以正确而从容的步伐前进，这样，我们才能获得平和的力量，以积极的态度投入工作或生活，如此一来，胜利也终将属于你。

公元383年，前秦皇帝苻坚率百万大军南下，想要吞灭东晋、统一天下。当时东晋的军事力量远远比不上前秦，这让东晋上下陷入了恐慌。但丞相谢安坚持应战，他认为敌军孤军深入，战斗力被大大地削弱，要以少胜多是完全可能的。于是，他镇定自若地派了谢石、谢玄、谢琰和桓伊等人率兵八万前去抵御。

谢玄心中忐忑，临行前向谢安询问对策，他只回答了一句："我已经安排好了。"但谢玄还是很忐忑，又让张玄去打听。但谢安却闭口不谈军事，反而拖着张玄下围棋。本来，张玄的棋艺要远胜谢安，但此时张玄心事重重，反观谢安则神气安然，结果张玄自然败北。

果然，东晋军在淝水之战中以少胜多、大败敌军。捷报送达时，谢安正在与客人下棋，看完后，便放在座位旁，不动声色地继续下棋。客人问起，谢安才淡淡地说："没什么，小儿辈打赢了。"直到下完了棋，客人告辞以后，谢安才抑制不住心头的喜悦，进屋的时候，把木屐底上的屐齿都碰断了也没发觉。

谢安也是凡人，也有喜怒哀乐，在强敌压境的危急关头，不害怕、不紧张是不可能的。但是，越是关键的时候，越要保持冷静，从容淡定，这样才能作出正确的判断。

这个道理不但适应于战场，同样也适应于所有其他的场合，不管遇到什么情况，我们都应当从容行事，不能乱了阵脚。

这是因为，我们生活在一个充满竞争的世界里，这些不安的因素始终环绕在我们身边：城市中各种噪音造成一片紧张，我们的脸上或言谈中随处都显现出一种紧张，它们完全侵入到我们的生活中、工作中。明代的吕坤说："天地万物之理，皆始于从容，而卒于急促。"那些能以从容的心态生活的人无疑是幸运的。这种从容淡定，不仅有助于工作上的成功，更能体现人的境界和胸怀。

从容与淡定是我们待人接物的一种态度，它会慢慢地内化成我们的气质。当然，这并不是要我们无牵无挂、无欲无求，也不是狂妄自大、唯我独尊，而是对人、对事的清醒与理智，能够参透事物发展的规律，把握生活的一般逻辑。

在日常工作中，保持适度的紧张是必要的。这可以让我们保持奋发，不断刺激我们，让我们在高效率之下创造性的工作。但如果我们能学会控制紧张，就像看电视一样，能开能关，那未尝也不是一件好事。当紧张给我们形成高度的压力时，我们可以随时关上它；而当我们需要轻松时，就能从紧张之中释放出来，将所有压力排除。

关掉带来压力的紧张并非难事。首先，集中自己的心力将双眉紧锁，再收紧下巴、唇部和咽喉部分的肌肉，再往下到肩部，用力握紧双拳，收缩腹部肌肉，将膝盖压紧。最后让你的双脚用力踩着地面。做完后，你全身每一条肌肉已紧绷，就这样持续一分钟，感受你这样全身紧张需要用多大力量。

其实，从容淡定地生活也并不是太困难，只要做到以下几点就可以了：

1. 专注于你的思想、感觉和心态，每天自省其身，反思自己的不足。

2. 时刻提醒自己心如止水、自我掌控的至关重要，切忌骄躁浮夸。

3. 当忍不住要打破沉默或采取非必要措施前，先留下思忖空间。

4. 怒火攻心时，忍一忍，退一步海阔天空。

5. 学会抹去言行中的个人色彩。

6. 总有第二种选择的。开始尝试，不要强迫，整天生猛海鲜偶尔也得接受豆腐白菜。

此外，每天坚持健康的步骤，以平和的心态完成日常事。另一方面，抽一些空闲的时间从事洗净心灵的活动，譬如静坐，以此来洁净心智，让你的心舒坦地沉醉其中。每天做一次冥想，尤其是在很忙的时刻，可以停下手边的工作，神游十分钟，让全身的神经及肌肉松弛下来，你的心就会得到平静。当你心中充满焦虑紧张、不知所措时，最好的办法就是完全停止一切活动，适时地放松自己。

总的来说，拥有这种淡定从容的气质，绝非一日之功，但一旦拥有，那么将会距成功更近一步。

懂得选择性遗忘的人才能快乐

遗忘是一种能力，一种品质，不是随便下个决心就能办到的。人生不如意常十之八九，要让自己快乐，就必须给自己减压，而减压的好方法就是学会忘记，虽然说人生需要我们拿起，但有时候放下更重要。

在这个社会中，我们需要记忆的事情很多，但也有许多的不愉快需要我们遗忘。所以，人不但要学会记忆，而且要学会遗忘。如果我们把什么都记得很清楚，大脑里充满了各种各样的记忆，那不但恼人，而且也有害于身心健康。

在现实生活中，我们常会看到这样的现象：有些人脑子特别好使，把什么鸡毛蒜皮、恩恩怨怨的事都记得一清二楚，对什么事都斤斤计较，耿耿于怀，结果不但事业无成，而且身体也受损，整个人病怏怏的。如果一个人的脑子里整天胡思乱想，把没有价值的东西也记存在头脑中，那他会变得悲观厌世，总感到前途渺茫，人生不如意的事情太多了。所以，我们很有必要对头脑中储存的东西，给予及时清理，该记的记，该忘的忘，把该保留的保留下来，把不该保留的予以抛弃。抛弃那些给人带来诸多不利的因素，这样，我们才能精力充沛，胸怀坦荡，过得快乐洒脱一点。由此可见，遗忘不仅是一种风度，而且是一种重要的养生方法。

《列子·周穆王》里有这么一则记载：

宋国有个叫华子的人患了遗忘症，"朝取而夕忘，夕与而朝忘，在途则忘行，在室则忘坐，今不识先，后不识今"，"荡荡然不觉天地之有无"。但是，经一高明医生治好了病后，使他把平生数十年的存亡得失、哀乐好恶都记忆起来了，而且他又记得太牢，"忧忧万绪，须臾不忘"，以致怒而黜妻罚子，操戈逐人，弄得鸡犬不宁。

从上例中可以看出来，有时候，遗忘未必是什么坏事。遗忘，对痛苦是解脱，对疲惫是宽慰。在人生的旅途中，如果把什么成败得失、功名利禄、恩恩怨怨、是是非非等都牢记心中，让那些伤心事、烦恼事、无聊事永远萦绕于脑际，那就等于给自己背上了沉重的包袱，无形的枷锁，就会活得很苦很累，以至精神委靡，心力憔悴。如果我们选择遗忘，把不该记忆的东西统统忘掉，那就会给我们带来心境的愉快和精神的轻松。正像陶铸同志所说："往事如烟俱忘却，心底无私天地宽。"

遗忘是一种能力，一种品质，不是随便下个决心就能办到的。人生不如意常十之八九，要让自己快乐，就必须给自己减压，而减压的好方法就是学会忘记，虽然说人生需要我们拿起，但有时候放下更重要。

佛经里有这样一个小故事，是说小和尚追随老和尚一起去化缘，小和尚毕恭毕敬，什么事都看着师父。途中，师徒二人路过一条河，河边有一个女子要过河，于是老和尚背起女子过了河，女子道谢后离开了。这让小和尚百思不得其解，一路上他心里一直想着："师父怎么可以背那个女子过河呢？"但他又不敢问，这样一路走了20里，他才憋不住问师父："我们是出家人，不近女色，你怎么能背那女子过河呢？"师父淡淡地说："我把她背过河就放下了，可你却背了她20里还没放下。"

大和尚的话充满禅意，但也是人生的道理。人的一生会历经许许多多的坎坷，如果把走过去看过去的一切都牢记心上，就会给自己增加很多额外的负担，随着阅历的增加，经历越丰富，压力也就越大，还不如一路走来一路忘记，永远保持轻装上阵。过去的已经过去了，时光不可能倒流，除了记取那些能让我们成长的经验教训以外，其余大可不必耿耿于怀。

当然，我们说要遗忘过去的荣耀和痛苦，但并非要遗忘过去的一切。遗忘也是需要选择的，有些人有些事在你的一生中是无法忘怀的，也不该忘怀。

有一次，阿拉伯著名作家阿里和两位朋友吉伯、马沙一起旅行。三人行经一处山谷时，马沙失足滑落，幸而吉伯拼命拉他，才将他救起。马沙于是找了块附近的大石头，在石头上刻下："某年某月某日，吉伯救了马沙一命。"三人又继续走了几天，到了一处河边，吉伯跟马沙为一件小事吵起来，吉伯一气之下打了马沙一耳光。马沙跑到沙滩上写下："某年某月某日，吉伯打了马沙一耳光。"后来，阿里好奇地问马沙："为什么要把吉伯救你的事刻在石上，将吉伯打你的事写在沙滩上？"马沙回答："我永远都感激吉伯救我，我会记住的。至于他打我的事，我只随着沙滩上字迹的消失，而忘得一干二净"。

这个故事告诉我们，牢记别人对你的帮助，遗忘别人对你的不好，这才是做人的本分。所以，这就要求我们记住某些事某些人，遗忘某些事某些人，记住该记住的，遗忘该遗忘的，洒脱人生，心无挂碍，你便会觉得生活是如此美好。

选择性遗忘是一种人生智慧。有些人能够忘记失意时的尴尬和窘迫，却对顺境时的得意津津乐道，岂不知成功和失败一样，都只会留在过去。

随着生活节奏的加快和生活方式的不断变化，我们每天会遇到的各种磕磕碰碰的事儿更多了。为了使疲惫的机体能够张弛有度，学会遗忘是生活中必不可少的。其实，我们经常遇到的很多事情，是不需要大家牢记的，就像是同事间的无端摩擦、邻里之间的细微纠纷、恋人间的情感波折、夫妻间的小小口角等等，大可不必放在心上。当这些复杂琐碎的事情给你带来种种困扰的时候，你就会感觉到遗忘确实是一剂良药。

如果我们老是沉湎于过去不能释怀，常常说我年轻那会如何如何，拿昨日黄花当眼前美景，沾沾自喜，自鸣得意，便会不思进取，裹足不前。正所谓"好汉不提当年勇"，成绩只是过去，现在则要一切从零开始，那样才能跨越人生新的境界。

过去的成就不值得一再提起，同样，过去的痛苦也无须一再地想起。印度诗人泰戈尔曾经说过："如果你为失去太阳而哭泣，你也将失去星星。"

在家庭中，家家有本难念的经，生活的负担以种种不一样的方式，交替访问我们。如果不学会选择性遗忘，永远担负着这一个接一个的负担，总有一天，这些沉重的压力会将我们的脊梁压弯，直至我们再也不能承受。

在爱情上，也许太多的分分合合让我们心力交瘁，我们曾经爱得那样深，以至于无法面对分手的现实。但是，我们应该学会遗忘，让时光冲淡那份伤痛，只记住那些美好的部分。

在人生中，也许我们会遇到许多有意或无意的伤害，太过在意，只会使我们的人生在互相伤害中虚度。所以，我们应该学会遗忘。

在生活中，总有那么多琐事和不如意，这就更需要我们学会遗忘，只有这样我们才能开心地生活。

如果你老是念念不忘别人的坏处，实际上深受其害的是自己，只会让痛苦的过去牵制住未来。一句老话说得好：生气是拿别人的错误来惩罚自己。当你遇到不愉快的事情时，如果你不过分去计较，它会很快在你的生活中消失。

　　一味沉浸在过去的影子里的人，未来必定不会属于他们。当然，遗忘过去并不意味着抹去你的记忆，而是要遗忘对自己没有意义的过去。该遗忘什么，该留下什么，一定要弄清楚，只有善于遗忘，才能更好地保留人生最美好的回忆。

心中充满欲望的人总是最累

事实上，我们所拥有的，并不是太少，而是欲望太多；欲望太多的结果，就使自己不满足、不知足，甚至憎恨别人所拥有的，或嫉妒别人比我们更多，以致心里产生忧愁、愤怒和不平衡；欲望太多，就会导致心理贫穷！

人生在世，不能没有欲望，没有欲望的人就如同行尸走肉一般地活着。可是，欲望是无止境的，尤其是现代社会物欲横流，更具诱惑力，如果管不住自己的欲望，任它随心所欲，就必然会给自己或别人带来痛苦和不幸。

托尔斯泰曾说过："欲望越小，人生就越幸福。"反过来说，欲望越大，人越贪婪，也更容易导致祸端。古往今来，被难填的欲壑所葬送的贪婪者，数不胜数。物质上永不知足是一种病态，其病因多是权力、地位、金钱之类引发的。法国杰出的启蒙哲学家卢梭很早就指出，人们的物欲太盛，他说："十岁时被点心、二十岁被恋人、三十岁被快乐、四十岁被野心、五十岁被贪婪所俘虏。人到什么时候才能只追求睿智呢？"

托尔斯泰讲的一个故事也进一步说明了这点。

有一个人想得到一块土地，地主就对他说："清早，你从这里往外跑，跑到某个地方插上旗杆，只要你在太阳落山前赶回来，从这里到插旗杆之间的地都归你。"于是，那人一心想要拥有更大的土地，便不要命地跑，等到太阳偏西了还不肯回头。终于，在太阳落山前跑回来了，但他也已精疲力竭，摔个跟头倒下后就再没起来。于是有人就地挖了个坑把他埋了。牧师在给这个人做祈祷的时候说："一个人要多少土地呢？就这么大。"

这个人正像《伊索寓言》里一个故事所说的"有些人因为贪婪，想得到更多的东西，却把现在所有的也失掉了。"

在追名逐利唯恐不及的现代社会里，如果一个人的物欲和虚荣心太多，那么他在行走时，就会因这些重负而寸步难行，活得也非常累。

有一位禁欲苦行的修道者，准备离开他所住的村庄，独自到无人居住的山中去隐居修行，他只带了一块布当做衣服。后来他想到当他要换洗衣服的时候，还需要另外一块布来替换，于是他就下山到村庄中乞讨一块布。村民们都知道他是虔诚的修道者，便送给了他一块布。

回到山中之后，这位修道者又发觉，在他居住的茅屋里面有一只老鼠，常常会在他专心打坐的时候来咬他的衣服，他不愿杀生，但是他又没有办法将老鼠赶走，所以他回到村庄中，向村民要一只猫来饲养。

可是，他又想"猫要吃什么呢？我并不想让猫去吃老鼠，但总不能跟我一样只吃一些水果与野菜吧！"于是他又向村民要了一只乳牛，这样子那只猫就可以靠牛奶维生。

这样过了不久，他发觉每天都要花很多的时间来照顾那只乳牛，于是他又找到了一个单身汉，让他帮自己照顾乳牛。

一段时间之后，那个单身汉跟修道者抱怨说："我跟你不一样，我需要一个太太，我要正常的家庭生活。"

……

这个故事就这样继续演变下去，结果，整个村庄都搬到山上去了。

这个故事告诉我们：一个人如果物欲太盛，那么他的心就永远难以平静，也就谈不上修身养性了。

而在现实中，为了物欲而造成夫妻反目、朋友吵架的不可胜数。

在巴拉圭有一对即将结婚的未婚夫妻中了一张"高额彩券"，奖金是七万五千美金。他们很高兴地大喊大叫、相互拥抱。

可是好景不长，这对马上要结婚的新人，在中奖后隔天就为了"谁该拥有这笔意外之财"而闹翻了，两人大吵一架，并不惜撕破脸闹上法庭。因为这张彩券当时是握在未婚妻的手中，但是未婚夫认为："那张彩券是我买的，后来她把彩券放入她的皮包内，但我也没说什么，因为她是我的未婚妻嘛！可是，她竟然这么无耻、不要脸，居然敢说彩券是她的，是她买的！"

这对未婚夫妻在公堂上完全撕破了脸，他们大声吵闹，各说各话，丝毫不让，让法官伤透脑筋。最后，法官下令，在尚未确定"谁是谁非"之时，彩券发行单位暂时不准发出这笔奖金！而两位原本马上要结婚的佳偶，因争夺奖券的归属而变成怨偶，双方也决定取消婚约。

有人说："结婚，经常不是为了钱；离婚，却是经常为了钱！"的确，人的私心、贪婪、嫉妒，常使人跌倒，重重地跌在自己"物欲"的祸害里。

事实上，我们所拥有的，并不是太少，而是欲望太多；欲望太多的结果，就使自己不满足、不知足，甚至憎恨别人所拥有的、或嫉妒别人所拥有的比我们更多，以致心里产生忧愁、愤怒和不平衡；欲望太多，就会导致心理贫穷！

你应该明白：即使你拥有整个世界，但你一天也只能吃三餐。这是人生思悟后的一种清醒，谁真正懂得它的含义，谁就能活得轻松，过得自在，白天知足常乐，夜里睡得安宁，走路感觉踏实，蓦然回首时没有遗憾！

其实，我们每一个人所拥有的财物，无论是房子、车子……无论是有形的，还是无形的，没有一样是属于你自己的。那些东西不过是暂时寄托于你，有的让你暂时使用，有的让你暂时保管而已，到了最后，物归何主，都未可知。所以智者把这些财富统统视为身外之物。

卡耐基曾说："要是我们得不到我们希望的东西，最好不要让忧虑和悔恨来苦恼我们的生活。且让我们原谅自己，学得豁达一点。根据古希腊哲学家艾皮科蒂塔的说法，哲学的精华就是，一个人生活上的快乐，应该来自尽可能减少对外来事物的依赖。罗马政治学家及哲学家塞尼加也说，'如果你一直觉得不满，那么即使你拥有了整个世界，也会觉得伤心。'且让我们记住，即使我们拥有整个世界，我们一天也只能吃三餐，一次也只能睡一张床，即使是一个挖水沟的工人也可如此享受，而且他们可能比洛克菲勒吃得更津津有味，睡得更安稳。"

"身外物，不奢恋"是思悟后的清醒。它不但是超越世俗的大智大勇，也是放眼未来的豁达襟怀。谁能做到这一点，谁就会活得轻松，过得自在，遇事想得开，放得下。

不要小瞧这不起眼的平淡的心态，它能遇利不趋、遇色不近、遇失不馁、遇得不骄。它能抗拒物欲的诱惑，帮你事业有成。有了它，上帝不会忘记你，会教你彻悟人生的真谛，进入宁静致远的人生境界。即使上帝忘了你，也不要紧，最起码你还会落个淡然适然，不急不躁，不至于让心猿意马把你搅得心神不安。

愤怒会把人变成一头发疯的狮子

愤怒是一种非常大众化的感情，没有人能保证自己不生气、不愤怒。不管是男人还是女人，孩子还是老人，富人还是穷人，受过教育的还是没受教育的，也不管你是什么肤色、什么民族，或者是不是宗教信徒，任何人都会受到愤怒的困扰，愤怒每一天都在实实在在地毒害着他们的生活。

有句话说得好，愤怒、生气，就是在拿别人的错误惩罚自己。但生活中，我们不可避免地会对一些不公平的事愤愤不平。可是，怎样调节我们自己的情绪，不让愤怒把自己变成一头发疯的狮子呢？

人在盛怒的时候，往往会导致身心受损。由于有股难解的怒气徘徊在胸，整个人就会感觉有种不明的压力压在胸口，让人情绪不稳，心神不安，整天恍恍惚惚的。在这种精神状态下，不仅会降低工作、学习的效率，更可怕的是，还有可能出现差错和事故。

有一次，小芸在家里因家务事与丈夫发生了激烈的争吵，而且由于双方情绪激动，语言刻薄，两人动起手来。小芸急火攻心，背过气去，丈夫见状，急忙施救，并找来四邻帮忙。在众人一阵手忙脚乱的掐人中、拍胸口、捶后背的救治下，小芸才总算缓过气来。可是她也落下了终生都无法治愈的毛病，如手脚抖动等，这也给自身及家庭生活造成了意想不到的危害和不便，但后悔已经是来不及了。

这也就是俗话说的"气大伤身"，像小芸这样只因一点小事就无节制地动怒，给自己招来无妄之灾，实在是不值得。

医学研究表明，人在发怒时，体内的肾上腺素含量显著增高，交感活动性物质增加，诱发肾素——血管紧张肾上腺素增加，促使小动脉收缩痉挛，致使血压升高。同时，发怒时会使心跳加快，耗氧量增加，冠状动脉痉挛，心肌缺血，心绞痛，心律失常等。愤怒还可以使人的食欲降低，消化不良，出现消化系统功能紊乱。发怒对身心的危害不言而喻，那么是不是有火也不能发呢？

当然不是。

发怒固然有损健康，但怒而不泄同样危害健康。有权威心理学家指出，若不及时释放积贮在心中的怒气，就会像定时炸弹一样爆发，可能会酿成大难。因此，对待愤怒，正确的态度是进行疏泄，适度释放，可将心中的不满坦率地讲出来，找知己好友无所顾忌地倾诉，或写信、写日记，使怒气在字里行间得到排解。或是到室外打球、跑步、爬山、呼吸新鲜空气，让怒气慢慢随着汗水排泄出体内；亦可通过情绪转移的方式，或埋头工作，或欣赏一场音乐、戏曲，将怒火湮灭，以求得心理的宁静。

不过，对于容易动怒的人来说，光知道如何排解怒气是不够的，最主要的是如何让自己制怒，尽量地不发脾气、不动怒，才是上策。那么，怎样制怒呢？

1. 多参加乐观积极的谈话，谈话时多用快乐的语调，这样可以反过来影响自己的心情。绝不可参加闷闷不乐的谈话，如果以悲观的态度说话，将会使周遭的人都被感染，然后又反过来影响自己的情绪，所以要尽量谈些令人振奋的话题，改变压抑性的气氛。

2. 多交一些乐观向上的朋友，特别是那些积极的、有信仰的及对创造性气氛有贡献的朋友，让他们围绕在你的周围。他们可以以积极的心态来鼓励你。

3. 多与人交流，避免自己一个人"钻牛角尖"。

总的来说，愤怒容易让我们冲昏头脑，失去正常的判断能力，将我们变成一头发疯的狮子，造成难以估计的后果，所以，要学会排遣自己的怒气，更要懂得制怒。

爱抱怨的人永远看不到别人身上的好

　　人们在面对失意的时候，有人坚强，也有人逃避，但更多的人则选择了抱怨。他们就像鲁迅先生笔下的祥林嫂一样，逢人便诉苦，张嘴就抱怨，他们总是在抱怨这个、抱怨那个，却看不到别人身上的好，以至于抱怨就像传染病一样，充斥着我们的生活，不断感染着我们原本美好的世界。

　　抱怨不仅会浪费我们的时间，而且还会损害我们的人际关系，削弱我们的自信心。

　　我们常常会看到这样一些总是对自己所处的环境不满意，而产生一系列苦恼的人。如小孩会因为没有按时完成作业而责怪铅笔坏了；一位朋友因做事没有坚持下来而抱怨自己的记忆力差；司机因发生碰撞事故而抱怨路上的坑洼；被遗弃的情人会责备自己所做的一切……这种种抱怨不绝于耳。

　　诚然，我们都不乏抱怨他人的时候，有时候抱怨也是有一定好处的，它让我们放松心情，保持愉悦的心境，但是习惯性的抱怨却会演变成一种综合症或者一系列令人不愉快的症状，包括各种各样的牢骚、责怪、挑剔、诬蔑、争吵、诽谤和自我封闭等。

有一天，一个船夫驾船给别人送货，他突然发现迎面一只小船向自己快速驶来，眼看两只船就要撞上了，那只船却并没有想要避让的意思。船夫大吼着："让开，快点让开！你这个白痴！"，但他的吼叫完全没用，两艘船还是撞在了一起。他怒骂道："你不会驾船啊，这么宽的河面，你竟然光往我的船上撞。"但他跳上对面的小船上一看，非常吃惊，小船上竟然空无一人。

可能在生活中，有许多情况都和这位船夫一样，当你责难、吼叫的时候，你的听众或许是一只空船。那个一再惹怒你的人，绝不会因为你的斥责而改变他的航向。

大牛和妹妹小美的父母早逝，他们俩一直相依为命。大牛在一家建筑公司上班，小美则在家料理家务。

周末的时候，大牛一回到家，妹妹小美就一脸冰霜地抱怨道："哥，你怎么又回来这么晚！对了，刚才物业又来收取暖费了，你工资发了没有？"

"还没有，我……"

"我，我什么啊？一个大男人，一个月才赚1000块，还每个月拖了又拖，你看人家小丽的哥哥，现在都做部门经理了！"

"那你去找他呀！别在我这待着！一天到晚不干活，你说我一下班冷锅冷灶的，哪有心思干活？猴年马月也当不上经理，都是让你给拖累的。"

"不就今天没做饭吗？我每天在家当洗衣妇、烧饭婆，哪一天不是累得腰酸背痛的？今天我还就不做了，你自己看着办吧！"

"你累，难道我就不累吗？你知不知道，现在金融危机越来越严重，我们公司又要裁员了，我的压力有多大，你知道吗？"大牛越说越气，到最后怒不可遏，随手把手里的公文包砸到了小美身上。

"呜——呜。"小美像个泼妇似的号啕大哭起来。

"这日子没法过了！"大牛抬腿出门，到外面的小饭馆喝酒去了。

大牛并不知道，小美之所以没给他做饭，而且向他抱怨，其实是因为被男友抛弃了。小美也不知道，哥哥正面临着失业的压力，心情也实在是不好。因此，造成一场家庭战争的爆发。他们苛求、指责对方，不停地抱怨，这也让他们看不到别人身上的好。

其实，一个人如果对自己目前的环境不满意，那唯一的办法就是让自己战胜这个环境。这就好比是行路。当你不得不走过一段险阻狭窄的路段时，你就只能打起精神，克服困难走过去，而决不是停在途中抱怨，或是索性坐在那里打盹，这样你永远都不可能走过去的。

所以，置身不如意环境的人们，停止抱怨吧，面对现实，把握机会充实自己。一个肯努力上进的人，在任何环境里都要保持自己的自信。不要对自己目前的现状抱怨或不满，它们可能是贫乏的、不好的，但是你可以从中去发现出路和希望。一个人如果不能重视现在，就绝不会有可以期待的未来。

悲观绝望的人心中永远盛着苦水

罗曼·罗兰说过："痛苦像一把犁，它一面犁破了你的心，一面掘开了生命的新起源。"古人也讲"不知生，焉知死？"不知苦痛，怎能体会到快乐？痛苦就像一枚青青的橄榄，品尝后才知其甘甜，这品尝需要勇气！其实，要让自己快乐非常简单，那就是在身处绝境时，懂得苦中求乐，这才是人生的真谛。

快乐是什么？快乐是血、泪、汗浸泡的人生土壤里怒放的生命之花，正如惠特曼所说："只有受过寒冻的人才感觉得到阳光的温暖，也唯有在人生战场上受过挫败、痛苦的人才知道生命的珍贵，才可以感受到生活之中的真正快乐。"

托尔斯泰在他的散文名篇《我的忏悔》中讲了这样一个故事。

一个男人被一只老虎追赶而掉下悬崖，庆幸的是在跌落过程中他抓住了一棵生长在悬崖边的小灌木。此时，他发现头顶上，那只老虎正虎视眈眈，低头一看，悬崖底下还有一只老虎，更糟的是，两只老鼠正忙着啃咬悬着他生命的小灌木的根须。绝望中，他突然发现附近生长着一簇野草莓，伸手可及。于是，这人拽下草莓，塞进嘴里，自语道：

"多甜啊！"

生命进程中，当痛苦、绝望、不幸和危难向你逼近的时候，你是否还能顾及享受一下野草莓的滋味？"尘世永远是苦海，天堂才有永恒的快乐"是禁欲主义编撰的用以蛊惑人心的谎言，而苦中求乐才是快乐的真谛。

二战期间，一位名叫伊丽莎白·康黎的女士在庆祝盟军在北非获胜的那一天收到了一份电报，她的侄儿，她最爱的一个人死在战场上了。她无法接受这个事实，她决定放弃工作，远离家乡，把自己永远藏在孤独和眼泪之中。

正当她清理东西，准备辞职的时候，忽然发现了一封早年的信，那是她侄儿在她母亲去世时写给她的。信上这样写道：我知道你会撑过去。我永远不会忘记你曾教导我的，不论在哪里，都要勇敢地面对生活。我永远记着你的微笑，像男子汉那样，能够承受一切的微笑。她把这封信读了一遍又一遍，似乎他就在她身边，一双炽热的眼睛望着她。你为什么不照你教导我的去做呢？

康黎打消了辞职的念头，一再对自己说，我应该把悲痛藏在微笑下面，继续生活，因为事情已经是这样了，我没有能力改变它，但我有能力继续生活下去。

人生是一张单程车票，一去无返。在荷兰首都阿姆斯特丹一座15世纪的教堂废墟上留着一行字：事情是这样的，就不会那样。藏在痛苦泥潭里不能自拔，只会与快乐无缘。告别痛苦的手得由你自己来挥动，享受今天盛开的玫瑰的捷径只有一条：坚决与过去分手。

"祸福相依"最能说明痛苦与快乐的辩证关系，贝多芬"用泪水播种欢乐"的人生体验生动形象地道出了痛苦的正面作用，传奇人物艾柯卡的经历更传神地阐明了快乐与痛苦的内在联系。

艾柯卡靠自己的奋斗终于当上了福特公司的总经理。1978年7月

13 日，有点得意忘形的艾柯卡被妒火中烧的大老板亨利·福特开除了。在福特工作已 32 年，当了 8 年总经理，一帆风顺的艾柯卡突然间失业了。艾柯卡痛不欲生，他开始喝酒，对自己失去了信心，认为自己要彻底崩溃了。

就在这时，艾柯卡接受了一个新挑战——应聘到濒临破产的克莱斯勒汽车公司出任总经理。凭着他的智慧、胆识和魅力，艾柯卡大刀阔斧地对克莱斯勒进行了整顿、改革，并向政府求援，舌战国会议员，取得了巨额贷款，重振企业雄风。在艾柯卡的领导下，克莱斯勒公司在最黑暗的日子里推出了 K 型车的计划，此计划的成功令克莱斯勒起死回生，成为仅次于通用汽车公司、福特汽车公司的第三大汽车公司。1983 年 7 月 13 日，艾柯卡把生平仅有的面额高达 8.13 亿美元的支票交到银行代表手里，至此，克莱斯勒还清了所有债务，而恰恰是 5 年前的这一天，亨利·福特开除了他。事后，艾柯卡深有感触地说：奋力向前，哪怕时运不济；永不绝望，哪怕天崩地裂。

嫉妒是一种扭曲的心理人格

巴尔扎克曾说：嫉妒者"比任何不幸的人更为痛苦，因为别人的幸福和他自己的不幸都将使他痛苦万分。"他们往往不能正视自己的不足，更不会承认别人的优点和长处，他们对成功者吹毛求疵，以寻找别人的缺陷来平衡自己的不足，以此为个人寻求解脱，达到心理平衡，从而在心理上逃避现实。因此，他们也就无法做到向别人学习，更谈不上吸取别人的经验以求进步。无形之中，人为地就给自己制造了一块巨大的心理绊脚石。

嫉妒是人类心灵的肿瘤，人一旦有了嫉妒的念头，心灵就会很容易被嫉妒所带来的副作用羁绊住，让你裹足不前。

在日常工作和社会交往中，嫉妒心理常发生在一些与自己旗鼓相当、能够形成竞争的人身上。就如他人潇洒、漂亮的外表，华丽的服饰，横溢的才华等。有许多青年，在听到自己好友或同事获得某些成就时，心中便滋生无限妒意，总是一味地抱怨："为什么成功的不是我呢？"

在这种嫉妒心理的驱使下，嫉妒者常会不能自控地产生排斥的想法，不理智地做出一些伤害别人的举动，他会不自觉地去攻击别人，诋毁他人取得的成就，甚至还会产生不屑与之为伍的愚蠢念头。其实，究其原因，这是因为你没有正视别人的长处，因为你没有摆正自己的位置，总以为自己应无所不有、无所不能。由此一来，盘踞在你内心深处的可怜的嫉妒，无形中便演变成为一种障碍，阻碍了你与他人的正常交往，也阻碍了你赢取成功的机会。

纪晓年和汪杰都在一家高科技公司担任工程师，两个人是极为要好的朋友，无论在工作上还是生活上，都给予对方很多帮助。纪晓年比汪杰大5岁，在公司的工龄也比汪杰多3年，因此，大家都认为会是他先得到升迁的机会。但是汪杰为人随和，工作努力，做事主动，并有丰富的创造力，不久便被提升为地区业务助理。

这让纪晓年十分不平，并嫉妒得两眼发红。身为汪杰朋友的他，并没有为汪杰祝福，相反，他几乎每天都要给汪杰点"脸色"看看。

一天，纪晓年看见汪杰和公司老总一同从远处走过来，便故意高声对身旁的几位同事说道："哼，汪杰那家伙，要是你问他几点了，他会跟你说表是怎样做的！他表面上是不会说什么的，不过时间久了，你们就会发现他背后的一些事了！"转头看着走近的汪杰，他又悄声说："看，来了个'大人物'。"

这样的事情发生过好几次，久而久之，原本与他关系不错的同事也渐渐与他疏离了。而他怎么也没有想到的是，就在他嘲弄汪杰时，汪杰正极力向老总推荐纪晓年。可惜，老总对他的印象并不好，一切都化为泡影。

最后，被嫉妒折磨得近乎崩溃的纪晓年，不得不收拾东西离开了这家公司。

要知道，你不可能十全十美，在任何公司，都存在着比你优秀的同事。因此，可以想象，即使纪晓年转聘别的公司，如果他仍然持有这种心态，不容别人比自己强的话，他依然无法获取成功。在这世上，没有一个人能够离群索居，独立生存，朋友的支持对于你的成功，就好似葡萄的主枝对于一串串味美色香的葡萄那样重要。如果葡萄脱离了枝干，就会萎缩枯干。如果你因嫉妒而不去和超越于自己的人接触，不去和一些经验多学问深的人接触，这无异于拒绝了别人对你的帮助，是个不可饶恕的错误。

可我们到底该怎样来消除这种心理，管束那过分高傲的心理呢？最主要的就是摆正心态，甘心示弱。这就意味着，你要认真地、坦诚地对待他人的成绩。在别人的成绩面前以虚心的态度来认同对方，这对你自己本身会有正面的效用。有了善意的认同，才能够以冷静的思考来反省自己不如对方的地方，把别人的长处当做自己的努力目标，学习他人的优点，超越他人。

正如著名思想家伯特兰·罗素谈到嫉妒时说的那样，"嫉妒尽管是一种罪恶，它的作用尽管可怕，但并非完全是一个恶魔。它的一部分是一种英雄式的痛苦的表现……要摆脱这种绝望，寻找康庄大道，文明人必须像他已经扩展了他的大脑一样，扩展他的心胸。"

具体来说，化解嫉妒心理的良方有以下几个：

1. 胸怀大度，宽厚待人

19世纪初，肖邦是一个默默无闻的小人物，从波兰流亡到巴黎。而匈牙利钢琴家李斯特当时已蜚声乐坛。二人惺惺相惜，李斯特对肖邦的才华也深为赞赏，他希望帮助肖邦在观众面前赢得声誉。于是李斯特想了个妙法。那时候的钢琴演奏会，需要把剧场的灯熄灭，以便观众能够聚精会神地聆听。而李斯特坐在钢琴面前，等灯一灭就悄悄地拉了肖邦过来代替自己演奏。观众被美妙的钢琴演奏征服了。演奏完，灯亮，肖邦因此横空出世。人们既为出现了这位钢琴演奏的新星而高兴，又对李斯特的胸襟深表钦佩。

学会欣赏他人的才华和优点，从美好的一方面看待问题，就能最大限度地抑制我们的嫉妒心理。

2. 自知之明，客观评价自己

当发现自己产生嫉妒心理时，要注意调整自己的意识和行动，从而控制自己的动机和感情，冷静地分析自己的想法和行为，对自己进行客观的评价，从而找出一定的差距和问题。当认清了自己后，再评价别人，自然也就能够有所觉悟了。

3. 少一份虚荣就少一份嫉妒心

虚荣心是一种扭曲了的自尊心，所追求的也不过是一种虚假的荣誉。很多时候，嫉妒来源于我们的虚荣心，不愿意别人超过自己，以贬低别人来抬高自己。单纯的虚荣心与嫉妒心理相比，还是比较好克服的。而两者又紧密相连，所以少了一份虚荣心就少了一分嫉妒。

4. 自我宣泄，是治疗嫉妒心理的特效药

嫉妒心理也是一种痛苦的心理，可以用各种感情的宣泄来舒缓一下。最好能找一个较知心的朋友或亲友，痛痛快快地说个够，暂求心理的平衡，然后由亲友适时地进行一番开导。虽不能从根本上克服嫉妒心理，但至少能得到缓解，也让自己有思考的余地。也可以借助各种的业余爱好来宣泄和疏导。如唱歌、跳舞、书画、下棋、旅游等。

明白了这些，你就能很好地化解掉在你心中的嫉妒，使你自己人为设置的成功障碍不攻自破。

嫉妒如醋，酸酸涩涩，可以是人生的调味品，但如果不加抑制地乱放，则会坏了一盘好菜。所以，千万不要因为别人的成绩超过自己，就发表"既生瑜，何生亮"的感叹。要知道，别人的优点不是你自卑的原因，更不应是你嫉妒的内容，而应成为激励自己前进的动力！

第五章

财富不能准确衡量一个人的价值

财富和富有，说到底就是一种自身的心态和价值取向。有些人有很多钱，但并不感到幸福。

和金钱相比，现时的幸福更重要

金钱固然重要，但是，在经历沧桑、看透人生真谛后，
人们需要的并不是金钱，而是实实在在的幸福。

在这物欲横流的社会中，金钱往往成为衡量一切的标尺，但是，在我们漫长的一生当中，金钱当真如此重要吗？它一次又一次影响我们的决定，甚至左右我们的人生。

其实，在人生路上，只有选择正确的东西，才不会感到压力……与金钱相比，现时的幸福更重要。

比利时的《老人》杂志曾针对全国范围内 60 岁以上的老人进行了一次题为"你最后悔的是什么"的专题调查，并列出了十几项生活中最容易后悔的事，供被调查者选择。结果是：

72% 的老人后悔年轻时不努力以致事业无成。

67% 后悔年轻时选择了错误的职业。

63% 后悔子女的教育不够或方法不当。

58% 后悔身体的锻炼不足。

47% 后悔对双亲不够孝顺。

......

而后悔没有赚到更多的钱的人只有 11%。

这则报告，告诉我们金钱固然重要，但是，在经历沧桑、看透人生真谛后，人们需要的并不是金钱，而是实实在在的幸福。不管结果如何，只要付出自己应有的努力，我想都不应该后悔，而是应该考虑自己真正需要的是什么。

要想把握住幸福，就得树立以下几个观念：

1. 幸福比金钱重要

高薪，几乎是每个白领追求的目标，也是众多职场人的期望。但是幸福并不取决于薪水的高低，因为高薪往往意味着需要牺牲健康、和家人相处的时间以及难以排解的压力。据某知名招聘网站调查显示，有六成以上的高薪白领收入丰厚却感觉不幸福，根据调查，只有37.72% 的人认为工作"总的来说是快乐的"，而有 41.64% 的人表示"不快乐的时候多"，甚至有 20.64% 的人表示"工作很痛苦"。

于莉是一家大型企业的白领，她的话很有代表性。"社会上有些人就看到我们出入写字楼风光，挣钱多气派，可我们拿的高薪是有代价的。经常加班、难以排遣的压力、健康受损、衰老加速等，还有些白领员工担忧地说，现在没有时间充电、学习，就怕以后因为能力不及而被淘汰。"

综观人的一生，追求的东西数不胜数，金钱也只是过眼云烟，只能给人带来瞬间的满足，而且有时钱多了反而会陷入较大的痛苦中，与其如此，不如找一份自己喜欢、能有稳定的收入并且有合理的自由支配的时间，工作和家庭一起兼顾，收获幸福。

2. 拥有自由时间，为幸福加分

实际上，一个人幸福与否，要看他用于情感交流的支出占整个支出的比例。白领员工的收入虽然高，但大多数人忙得歇不下来，根本没有与家人和朋友、同事充分聊天沟通及享受生活的时间，他们需要有足够属于自己的支配时间、觉得自己重要，这样才会幸福。

马斌原在一家外资企业任职区域经理，年薪 35 万元，但他在一片惊愕声中辞去了工作，当上了街道主任。在外企任职期间，他的状态很糟糕，公司内竞争压力大，很少有自己的时间，又需要与许多形形色色的人打交道，所以脾气暴躁，跟家人、同事、客户都有过冲突。总觉得疲劳，后背疼痛。

于是，希望改变现状的他一直在留意是否有经济适用型的工作。终于，在一次成功的竞聘之后，马斌担任了街道社区的管理者，虽然薪资只有从前的一半，但各方面福利和待遇都好于以往。工作压力和工作负担也较原来减轻不少，有更多的时间照顾家里。孩子要上小学了，马斌可以抽更多的时间来辅导他，在周末也可以进行更多的亲子活动。而且平时也可以陪妻子经常下下馆子，看看电影。因此，这一次小小的工作调动，改变的不仅仅是他一个人，而是整个家庭的幸福感都有大幅提升。

说到底，真正的幸福只在我们自己，幸福无价，也因此，幸福与金钱永远无法画上等号！

吝啬只会让自己成为金钱的奴隶

过于吝啬，很容易被金钱所驱使。

金钱到底是个什么东西呢，是感情，是自身的价值，还是一切？

现在这个时代，没钱的人拼命忙赚钱，有钱的人也照样忙赚钱。因为大家都明白一个道理，有钱可以想买什么就买什么，想吃什么就吃什么，想穿什么就选什么……不但可以住又大又好的房子，开又贵又好的车子，还可以高昂地走在别人面前。正是由于人们都认识到金钱的重要，所以许多人变得吝啬起来，在不知不觉中沦为了金钱的奴隶。

在巴尔扎克的名著《欧也妮·葛朗台》中塑造了一个典型的吝啬鬼形象——葛朗台，"看到金子，占有金子，便是葛朗台的执著"。与其他吝啬鬼一样，葛朗台既贪婪成癖，又吝啬成性。他一生疯狂地追求金钱，占有金钱，最后被金钱所累时仍竭力呼唤着金钱而走向坟墓。

现实中也存在这种吝啬的人，他们虽然在金钱上很富有，但是在精神与灵魂上却是极度贫穷，已经到了病态的地步。

古时候，有一个非常吝啬的人。

　　有一次，他生病了，而且越来越重。当他临死之前，把孩子们叫到身旁，嘱咐说："我已经给寺院捐了不少款，可是到现在还没得到极乐世界的消息。你们不要因为我的死而乱花钱，把丧事办得俭朴一些，最好是不花钱，知道吗？"孩子们说："我们就依你的吩咐办，可是棺材总得雇人抬啊？"老头道："不，那太费钱了。""那就用牛车拉吧。""那也费钱。""那就请两个人扛出去吧。""不，雇两个人也要花钱，不行。""到底该怎么办呢？"于是老头说："咳，真麻烦。死后，还是让我走着去吧。"

　　这个故事虽然说得有些夸张，但将一个吝啬鬼的形象刻画得淋漓尽致。俗话说："宁死一个人，不花二两银"，说的就是这种人。

　　吝啬的人许多是损人利己的，凡事尽量节省，就是必须用钱时，也只考虑钱是否可以节省一点，而不论事情是否重要。更有些吝啬的人，不肯用自己的钱，却总想从别人那里想办法揩油，同时他对别人却一毛不拔，即使失掉了友情也在所不惜。

　　有一个叫保罗的男孩，忠实而勤劳，他独自一人住在一间小房子里，却拥有一座非常美丽的花园。小保罗的朋友很多，磨坊主麦克就是其中的一个。麦克非常富有，他总以保罗最好的朋友自居，因而每次到保罗的花园里，都要拿走很多美丽的花，甚至在水果成熟的时候还要拿走好多水果。

　　麦克常挂在口头上的一句话就是："好朋友就该分享一切。"但他自己却从未给过小保罗什么东西。

　　冬天的时候，小保罗的花园枯萎了。这位"忠实的"朋友麦克却从来没有去看望过寒冷、孤独、饥饿的小保罗，反而对他的家人说："冬天去看小保罗是不合适的，当人遭遇困难的时候，他的心情会变得很烦躁，去打扰他是不对的。春天的时候就不同了，小保罗花园里的花都开放了，我去他的花园里采回满篮子的花朵，他一定会很高兴的。"

麦克的儿子天真无邪地问他："爸爸，为什么不叫小保罗来咱们家玩呢？我会把我的好吃的和好玩的都分给他一半。"

听到儿子的话，磨坊主气坏了，大声呵斥道："如果小保罗到咱们家来，看到了我们烧得红红的火炉、丰盛的美餐、还有甜美的葡萄酒，他就会妒忌我们的，而嫉妒是友谊的仇敌。"

磨坊主麦克的话语向我们展现出平时生活中吝啬人的丑恶嘴脸。他在经济利益上与人泾渭分明，视自己的钱财如珍宝，外人休想占他一点便宜。可他总是在别人那混吃混喝，而且从来都是那种白眼狼式的，吃过不认账或不领情，或者在那儿顾左右而言他。

在我们的现实生活中也经常可以见到吝啬的人，他们很计较个人的得失，平时一个钱也不肯用，一分恩惠也不肯向朋友施予，碰到任何事总怕自己吃亏；他们可以大慷别人之慨，而对个人利益却寸利不让，不乏贪婪之心；他们极少参与社会活动，对周围的事情漠不关心；他们不愿意帮助别人，很少有知心朋友，有了困难也很少有人帮忙。朋友既然看透了你的损人利己行为，又怎么会与你相交呢？久而久之，你身边便没有一个真正的朋友，也没有人肯帮忙。人活在世上，确实是需要钱，但更需要友谊。小气冷漠，只会割断友情，使自己成为孤家寡人。

另外，有吝啬心理的人极易遭遇失败的人生。他们在学业上、事业上、家庭上、人生发展上、情感上都可能因此而遭受磨难。

吝啬对人生有很大的负面影响，如果发现我们自己有这种缺点，一定要想法加以克服，可以尝试着用以下方法：

1. 要学会自省

吝啬的人在人际交往中对自己的吝啬举止应该是清楚的，而他人对自己的吝啬有成见也不可能毫无感觉。把自己与周围的同学、朋友比一比，不要这样克扣自己、克扣他人，要知道，人活一世，钱不是唯一的目的，除钱外，亲情、友情、快乐同样重要。

2．拥有美好的信仰

吝啬的人，要给自己在精神上找个依托，像佛教徒、基督教徒那样宽容，有怜悯心，多做一些好事，渐渐克服吝啬的毛病。

3．学会享受给予的快乐

多做一些力所能及的善事，尝试着施舍街上可怜的乞丐，或者牵盲人过马路，或者给你的朋友买上一份小礼物，学会享受给予的快乐，既愉悦自己，同时也可以愉悦别人。渐渐的你会发现自己会乐在其中，因为你从中体验到难以言传的快乐。

总的来说，人是有感情的动物，小气吝啬只会割断亲情、友情，使自己变成孤家寡人，不要将金钱看得重于一切，免得沦为金钱的奴隶。

贪婪很容易让一个人迷失心智

对个人而言，贪婪就像水面上扭曲游动的蛇，总是能搅得人心不能平静。而贪婪者内心的道德感，随着欲望的增加而不断地减少，而恶念则会一次比一次膨胀。

贪婪是人性的恶习，是人性中无法隐藏的缺陷。正如哈佛大学经济学教授丹尼．罗德克所说："世界上几乎所有大宗教都有着一条戒律，就是反对贪婪。现实生活中，我们常可听到人们用鄙夷不屑的口吻说出贪得无厌、贪心不足、贪婪成性等贬斥贪婪的词汇来。"

所谓贪婪，意思就是贪得无厌，它是一种过度膨胀的私欲。而人的欲望是没有止境的，不论是对美食、金钱还是权力等的欲望，永远都得不到满足。如果一个人不能控制自己的欲望，那么就像是一座墙垣已经坍塌的城池，随时都可能在利益和感官刺激的诱惑下崩溃，进而迷失自己的心智。

传说上帝在创造蜈蚣时，原本是没有给它造脚的，但它依然拥有爬行动物中蛇一样快的速度。但是有一天，它看到梅花鹿、羚羊和其他有脚的动物跑得比自己快得多，心里便很不高兴，"哼！脚那么多，当然会跑得这么快。"

于是，它开始向上帝祷告："上帝啊！我希望拥有比其他动物都要多的脚。"

上帝实现了蜈蚣的愿望，将许多的脚都放在蜈蚣的面前，任它取用。

蜈蚣一看，乐了，于是拿起众多的脚，一只一只地粘贴到身上，从头一直粘到尾。它十分满意自己的新脚，心想："现在我可以像箭一样地跑去了。"

然而，等它开始要跑步时，才发现自己的脚太多，毫无秩序，噼里啪啦地乱走一通，这让它不得不全神贯注、精神集中，才能使这些脚不致相互跌绊而顺利地往前走。

这样一来，蜈蚣的速度比以前更加慢了。

正是因为蜈蚣太过贪婪，才让它非但没有健步如飞，反而步履缓慢，举步维艰。其实，这个道理在人身上也一样适用，人们一旦拥有过多的私欲，终有一天，会像蜈蚣一样出现超载的现象，最终反而失去原本所有的东西。正如《伊索寓言》里所讲的："有些人因为贪婪，想得到更多的东西，却把现在所有的也失掉了。"

因为贪婪而迷失方向的人随处可见。现实中，我们拥有的东西并不少，仅仅因为永不满足的欲望而使自己变得更加贪婪，下面这个故事正说明了这个道理。

俄亥俄州的亚历山大商场在1956年曾发生一起特大盗窃案，共丢失8只金表，造成6万美元的损失。在当时这是个非常庞大的数目。

就在案子还在侦破中时，一个名叫罗森的纽约商人随身携带了几十万美元的现金到此批货。他来到下榻的酒店后，将现金存进了酒店的保险柜里，然后就出门吃早餐去了。

在咖啡厅里，他听到邻桌的人在谈论那起轰动全城的金表盗窃案，由于是当时的新闻，他也并没有太在意。

到中午，他出门吃午饭时，他又听见有人在谈及此事，据传有人花了上万美元买了两只金表，转手卖掉后能净赚 3 万美元，人们纷纷不无羡慕地说："要是我能遇上这种事该多好！"然而罗森却有些怀疑。

到了晚餐的时候，他又再次听到关于金表的话题，他吃完饭后回房，突然接到一个神秘的电话："你对金表感兴趣吗？我知道你是个做大生意的商人，老实说，我这些金表在本地不容易脱手，如果你对此感兴趣，我们可以协商一下，如果对品质有怀疑，你可以去附近的珠宝店进行鉴定，怎样？"

罗森听到后大为心动，要知道，做成这笔生意得到的利润要比自己平时的生意优厚了几倍还多，于是他答应和对方当面相谈，最后他用 4 万美元买下传说中的 3 只被盗金表。

到了第二天，他发觉金表有些不对劲，于是拿到熟人那里做鉴定，结果却发现 3 只金表都是赝品，全部价值不过 2000 元。直到这群骗子落入法网后，罗森才明白，他从一开始就被这伙骗子盯上了，他一整天听到的关于金表的话题，都是他们故意引自己上当的圈套。

谁也不敢说自己不会产生贪婪之心，问题是当这种念头冒起的时候我们怎样淡然处之，不让私欲占据自己的心灵。上例中的罗森就是没有把持住自己，以至于迷失了心智，跌入骗子们布下的陷阱。

我们都知道贪婪带来的恶果，那么，贪婪心理到底是怎么产生的呢？一旦产生这种心理又该如何调适？

一般而言，贪婪心理的形成主要有以下几个方面：

1. 错误的价值观念

有些人自以为是，错误地认为社会是为自己而存在，天下之物皆为自己拥有。这种人是极端的个人主义者，欲望永远都得不到满足。

他们会得陇望蜀，有了票子，想房子，有了房子，想位子，从不会满足。

2. 行为的强化作用

有贪婪之心的人，初次伸出黑手时，多有惧怕心理，但一旦得手，尝到甜头后，胆子就越来越大。每一次的侥幸，对他都是一种条件刺激，会不断强化着贪婪心理。

3. 攀比心理

有些人原本也是清白之人，但是看到原来与自己境况差不多的同事、邻居、朋友、亲戚等，甚至原来那些比自己条件差得远的人都发达了，心里就不平衡了，由此也学着伸出了贪婪的双手。

4. 补偿心理

有些人原来家境贫寒，或者生活中有一段坎坷的经历，当他们一旦在地位、身份上得到上升的时候，他们就会利用手中的权力索取不义之财，以补偿以往的损失。

贪婪，多是个人在后天社会环境中受病态文化的影响所形成的自私、攫取、不满足的价值观，而出现的不正常的行为表现。

当然，并不是说有了贪婪之心就一定无法挽救，实际上，若要改正，还是可以自我调适的，具体方法如下：

1. 格言自警法

古往今来，仁人贤士对贪婪之人是非常鄙视的，关于这方面的诗文和名言格言有很多，可以多看一些，并记下来，朝夕自警。可以张贴在自己可以经常看见或接触到的地方，时时提醒自己，不要犯这种错误。

2. 自我反思法

拿出一张纸，用笔在纸上写下20个"我喜欢"的东西，回答时应不假思索，限时 20 秒钟，待全部写下后，再逐一分析哪些是合理的欲望，哪些是超出能力的过分的欲望。这样就可明确贪婪的对象与范围，最后自己分析对造成贪婪心理的原因与危害。分析清楚后，便自己对症下药，改掉贪婪的恶习。

总的来说，贪婪很容易让一个人迷失心智，当贪欲产生时，再大的胃口也无法填满，欲望越多，就越容易上当受骗，贪婪所带来的结果只会有更多的烦恼与麻烦，所以，一定要谨记，不可贪婪。

唯利是图会让人作出错误的选择

"天下熙熙皆为利来，天下攘攘皆为利往"，史学家、文学家司马迁寥寥数语，将人性中最本质的唯利是图之相揭露出来，用最通俗的语言来表达就是"无利不起三分早"，"人为财死，鸟为食亡"。其实，追求自身利益是每一个人的本性，也是每一个人为了生存所必须具备的技能之一，但是，不择手段地获取财富却是为人们所不齿的，它会让人作出错误的选择。

趋利避害是人的天性，但一味追求利益、唯利是图的人却是受人鄙夷的。因为唯利是图容易让自己陷入误区，作出错误的选择，甚至为了利益而不惜做出伤害别人的事，使自己的世界一片黯淡，道路越走越窄。

在动物王国里，狐狸和狼一直为了更高的职位与权力而明争暗斗。但是狼要更加幸运些，它得到了提升，而狐狸却依然停留在原位。

狐狸绞尽脑汁想把狼搞垮，终于，让它想出了一条计策。

狐狸故意去探望狼，非常诚恳地对狼说："兄弟，过去我有对不住你的地方，你大人有大量，就多多包涵吧。"

狼见狐狸前来登门认错，心里就越发得意起来，还刻意摆出一副很能容人的态度，将手一挥，说："没有关系，过去的就让它过去吧，现在我们应该团结一致向前看。"

狐狸和狼于是"和平"地坐下来倾心长谈，狐狸还积极地为狼出谋划策，临走的时候还给狼留下一点小礼物。狼毫不客气地收下了。

后来，狐狸每过一段时间就来找狼，每次都不忘带一份不轻不重的礼品，狼也渐渐的习以为常了。

有一天，狐狸对狼说："兄弟，现在羊正在与猪争夺一块草地，羊和我的关系很好，你看可不可以帮忙说句话？"

对于这件事，狼早就知道，觉得也不是什么大事，举手之劳而已，就帮狐狸办了，事后，狐狸又带了一大堆礼物来感谢狼。

从此以后，狼利用职务之便为狐狸办了很多事，当然狐狸每次都会给狼送越来越多的礼品，狼甚至开始对狐狸的礼物产生期待。

直到后来有一次，狐狸求狼办一件非常危险的事情，并承诺事成之后必有重谢。狼经不住利益的诱惑，终于答应下来，但也因为这次危险的事情而东窗事发，它的余生只能在狱中度过了。待它下台后，狐狸如愿以偿地替代了狼的位置。

从狼的例子可以看出，欲望不是突然产生的，它是一点一滴地增长的，一旦让它疯长，便可以吞噬我们的情感、理智，甚至是一切。就是因为狼唯利是图，只追求自己的利益而不顾原则，才会中了狐狸的圈套，以致最后惨淡收场。

从本质上说，金钱仅仅是一个工具，但是当它摇身一变而成为目的时，人们就会变得唯利是图，而苦难也就因此降临了。一旦人性中的贪婪被强烈地激发出来，就会把金钱当成自己的目的，也就开始牢牢地被金钱、利益所控制。"人为财死，鸟为食亡"，正是说明了唯利是图的人不会有什么好的下场。

当然，我们的生活中也并非总是充斥着唯利是图的追逐利益者，也会有那些懂得生活真谛的智者，如下例中的这个人。

在海边，有几个人在岸边钓鱼，而旁边有不少游客在欣赏美景。这时，一名垂钓者把鱼竿一扬，钓上一条很大的鱼，约有 3 尺长，这条鱼落在地上依然翻腾不止。令人奇怪的是，垂钓者却摁着大鱼，解下鱼嘴里的渔钩，将大鱼投进了海里。

周围观看的人们响起了一阵惊叹声，难道钓到这么大的鱼还不能让他满足吗？这个垂钓者的雄心可真够大的。

就在围观者惊诧之时，垂钓者的鱼竿又是一扬，这次钓上来的鱼也不小，足有 2 尺长，但垂钓者还是把鱼丢进了海里。

第三次，当鱼竿再次扬起时，这次钓线末端钩着一条不足 1 尺的小鱼，围观的人们以为这条小鱼也定会被扔进大海，没想到垂钓者却将鱼解下，小心翼翼地放进自己的木桶里。

围观的人看得奇怪，百思不得其解，就开口问垂钓者："你为什么舍大而留小呢？"而垂钓者的回答也很妙，他说："哦，因为我家里的盘子最大的不过 1 尺长，太大的鱼带回去，盘子盛不下。"

道理就是这么简单，欲望永远都不会满足，不停地诱惑着我们去追逐物欲和金钱，让我们变得唯利是图。因此，做人要懂得适可而止、知足常乐，只有这样的人才是真正的智者。像上例的这个垂钓者一样，他懂得根据自己的需求来寻找自己想要的东西，而不是只追求无限大的利益。

要知道，唯利是图会让我们作出错误的选择，只有懂得知足才能不一味地追求利益，令自己变得面目可憎。但是，要想完完全全地获得知足之心，没有什么放之四海而皆准的方法，不过有六个关键的要素能够帮助我们学会知足。

1. 心怀感激

一个没有感激之心的人是不能获得知足的。而懂得感激的人则知道看重他们生活中拥有的东西，而不是他们缺少的。如果你想知道我们应当表示感激什么，那么就开始写一个单子吧，将你生活中所有美好事物都列上。开始这个练习，它毋庸置疑会将你的注意力重新转移到你已经拥有的美好事物上，让你看到生活中好的一面，而不是光盯着那些利益。

2. 控制你的心态

一个唯利是图的人常常会陷入到这样一而再再而三的思考——"我要是得到了……那我就开心了。"却没有去试着控制自己的欲望。请记住，幸福并不依赖于对任何财富的获取，而仅仅在于你决定怎样开心的生活，这也许是你人生中最重要的一堂课。

3. 改变总是通过获取来满足你不满之心的习惯

对大部分的人来说，都有一种根深蒂固的观念，那就是，要消除心中的不满就要去购买看起来导致这种不满的物品。但我们很少花精力去寻找这种不满的根本原因。对你的行头不满意？去买新的衣服。对你的车不满意？去买个新的。这样容易导致我们一味地追求利益，唯利是图，令我们陷入了通过简单的花更多的钱来满足不满之心的习惯。但实际上，物质财富永远也不能完全满足你内心的所有欲望。所以，下一次当你意识到在你生活中出现不满的情绪时，请拒绝用这样的坏习惯，仔细思考自己为什么缺少某样东西会导致不满。只有在你有意地打破这个习惯以后，我们才会懂得真的知足。

4. 停止和别人进行比较

在这个世界上总是有人显得比你要好而且看起来生活的更完美，所以，将你的生活和其他某个人进行比较总是会导致不满。尤其是，我们还总是喜欢将自己最糟糕的一面与对别人最好的假设进行比较，其实他们的生活从来都不是我们想象出来的那般完美。要时刻提醒自己，你是唯一的，也是特别的，每个人都有自己的烦恼，你那样的生活一直都是不错的。

5. 帮助别人

从帮助别人中获取快乐，和别人分享你的智慧、时间和金钱，你会发现以前自己孜孜以求的利益显得不再那么重要，自己也变得满足了。这种经历会让你对你所拥有的，你是怎样的人，你又能给别人提供什么这些问题有一个更好的审视和欣赏。

6. 要满足于你已有的

知足并不是自满，我们仍然要一直学习、成长，或者去探索。我们可以为我们的人格和成就感到自豪，但永远都不要太自得，以为不需要再提高了。因为你一旦停止成长，就将开始走向死亡。

综上所述，唯利是图很容易令我们丧失理智，作出错误的判断和选择，所以，我们要学会知足，弄懂自己真正想要的东西是什么，而非一味地追求利益。

算计越多，快乐越少

　　生活中，有很多这样的人，他们总是觉得自己很不幸，过得不好，不如别人快乐，因此，他们总是处于一种不开心的状态。其实，这世界上真正快乐的人，不是拥有得太多，而是他们算计得很少。不是你的烦恼太多，而是你的胸怀不够宽阔。

　　有一个真实的故事，威廉是美国著名的心理专家，他曾经是个非常能算计的人。他总是算计城里哪家店的袜子最便宜；算计哪家快餐店能多给顾客一张餐巾纸；算计什么时候电影门票最低等。后来，威廉得了一场病，这致使他在 30 岁前，频繁地进出医院，那时他心里总是快乐不起来。到威廉 32 岁时，他突然悟到了什么，于是他开始了关于"会算计者"的研究，他经过多年的研究大量的事实证明：凡是对利益太会算计的人，多数都很不幸，甚至是多病或短命。

　　生活中有很多这样的人，他们总是觉得自己很不幸，过得不好，不如别人快乐，因此，他们总是处于一种不开心的状态。其实，这世界上真正快乐的人，不是拥有得太多，而是他们算计得很少。不是你的烦恼太多，而是你的胸怀不够宽阔。

人们常说："量小非君子。"一个人只有懂得包容、不去算计太多，才能不断壮大，才能吐故纳新，生生不息。

关于人的胸怀，有这么一个故事。

在印度有一位著名的哲学大师，在他门下拥有众多的弟子，其中，有一个弟子经常牢骚满腹，太过算计，过得一点也不快乐。他不是今天说别人对他不好，就是明天说饭菜不合口味。哲学大师为了开导他，就叫他到市场中去买盐。

盐买回之后，大师让他将一把盐放在一杯水中，然后喝下去。"味道如何？"大师问。这位弟子皱着眉头说，"咸得发苦。"

大师又吩咐他抓一把盐放在水缸中，再让他尝尝味道，弟子回答说："有一点点咸。"

大师又让弟子把剩下的盐都撒进附近的湖里，然后又叫这位弟子去尝，这个年轻人捧了一口湖水尝了尝，大师问道："什么味道？""一点咸味也没有了。"弟子答道。

哲学大师趁机教导这位弟子说，"一个人生活中的不快和痛苦，就像这盐的咸味。我们所能感觉和体验的程度取决于我们将它放在多大的容器里，所以，当你处于痛苦时，请开阔你的胸怀。"

我们的胸怀就是我们生活中的容器。当你感觉命运对你不公的时候，当你慨叹世态炎凉的时候，当你对生活感到不尽如人意的时候，当你工作中感到烦恼不顺的时候，你就要不断地放开自己的胸怀。在宽广的胸怀里，一切不快和痛苦都显得那么微不足道；在宽广的胸怀里，你将会活得很快乐，过得很快乐。

第二次世界大战过后不久的一次大选中，丘吉尔落选了。他是个名扬四海的政治家，对他来说，落选当然是件极狼狈的事，但他却极坦然。当时他正在自家的游泳池里游泳，秘书气喘吁吁地跑来说："不好，丘吉尔先生，你落选了。"不料丘吉尔听了却爽朗地一笑说："好极了，这说明我们胜利了，我们追求的就是民主，民主胜利了，难道不值得庆祝吗？朋友，劳驾，把毛巾递给我，我该上来了。"

丘吉尔是那么从容，那么理智，只说了一句话，就成功地表现了一种极宽容豁达的大政治家的风范。一个人如果真的拥有宽阔的胸怀，那他无论遇到什么难题，都会想得通，都会正确地对待和处理，以宽宏大度的态度去对待别人。

相信这句名言："宽容是在荆棘丛中长出来的谷粒。"同事的批评、朋友的误解，过多的争辩和"反击"都不足取，唯有冷静、忍耐、谅解最重要。能退一步，天地自然宽。

其实快乐的多少取决于一个人的性格及诸多方面的原因。日常生活中，我们和家人之间、朋友之间、同事之间会发生频繁的接触与交往，久而久之难免会产生一些摩擦与误会，这个时候不是每个人处理摩擦与误会的方式都是相同的，于是不满意结局的自然是气呼呼的了。

我们并不希望看到事情的发展趋势，既然发生了，我们也无法去避免，唯一能做的就是欣然接受，不去算计太多，心里自然也就愉悦了。随之也会洋溢着快乐的感觉。

两个相爱的人，如果都很算计自己付出多了，对方付出少了的话，哪里还有什么快乐可言呢？在夫妻之间也是如此。如果非要让对方去多承担些生活的琐事，自己悠闲着，什么都不管，还老觉得对方什么东西又没有做好，那生活最终的演变结局也是能预料到的。

不论是与谁之间，越是与对方算计，越不会如意。没准对方也会和你较起真来，这样双方各执一词，都没有退让的打算。你说这样的场景能给你快乐的感觉吗？

在这芸芸众生中，什么样的人都会有，不是每个人都会按照自己的思想模式去发展的。所以我们少一些算计，多一些快乐的感觉，整个人自然会惬意轻松。从现在起，让我们做一个算计很少，快乐越多的人吧。

充分利用金钱的价值

虽然钱是挣来的，而不是省下来的，但是如果总是挣多少，花多少，忽视积累的过程，那么永远都只是手头上那么点钱。

我们挣的钱都来之不易，所以要把好钢用在刀刃上，将钱花到实处，不要为了虚荣而乱花钱。虽然钱是挣来的，而不是省下来的，但是如果总是挣多少，花多少，忽视了积累的过程，那么你手头上永远都只是那么点钱。

钱的价值到底是什么，它的存在意义是什么？要知道，世界上存在的事物有半数以上是要用钱来购买的，还有很多比如教育、健身、职业等等需要钱去投资，纵览一切可以知道，钱的意义有七项：存储、消费、投资、管理、慈善、交易和获得机遇。这些意义的存在，使钱的价值有了定向，即创造生活的品质和智慧的财富。

可能有人认为，有了钱就有了一切。这种想法也许能为你获得一辆高级的跑车或者一所富人住的高级别墅，但却不能为你赢得丰富的思想和卓越的才华。而钱的价值不仅是创造生活的品质，还在于创造智慧的财富。

不然，即使你现在拥有再多的金钱，如果不懂得用钱的哲学，不懂得积累，再多的钱也不够你花。有些人花钱时出手大方，不懂得资金积累，但又不断地抱怨钱不够花，那是因为他们的钱没有用到实处。

有一次，比尔·盖茨和一位朋友开车去希尔顿饭店谈事情。

到了饭店前，他们发现车很多，车位很紧张，而旁边的贵宾车位却空着不少。朋友建议把车停在那儿。

"12美元？可不是个好价钱。"盖茨说。

"我来付。"朋友坚持道。

"那可不是个好主意，他多收费。"

在盖茨的坚持下，他们最终还是找了个普通车位。

盖茨最讨厌物不等值，应花的钱，他从不小气，看看他这些年为慈善机构捐款的数字就知道了。

很多人因为不知道用钱来干点什么，需要干点什么，所以把钱都用在吃喝玩乐上面。结果钱花出去了，什么都没有得到，所以常常有人抱怨"我都没干什么，钱就用完了！""花钱如流水啊！"

有的人充分利用了金钱的价值，是因为他用起钱来觉得"值钱"，比如花钱去健身，让你收获了健康；花钱请人吃饭，让你联络了感情。我们花出去的每一分钱都要有所值。而有的人花起钱来却"不值钱"，这是因为他们忽视了金钱的价值，比如，花半个月的工资买件可要可不要的衣服，买回家后又不喜欢穿，使新衣"贬值"；或是花大把的钱买了一堆自己不喜欢看的书放在家做"装饰"，这种钱花得也毫无价值。所以，钱要花到实处，不要为了虚荣而花钱。

巴菲特是公认的股票投资之神，他也是"以小钱起家"的。11岁的时候，巴菲特就开始投资第一笔股票，他把自己和姐姐的一点小钱都投入股市。刚开始的时候，一直都赔钱，他的姐姐老骂他，而他坚持认为持有三四年后定会赚钱。结果，姐姐把股票卖掉，而他则继续持有，最后证明，他的想法是正确的。

20 岁时，巴菲特在哥伦比亚大学就读。那时候，跟他年纪相仿的年轻人都只会玩游戏，或是阅读一些休闲的书籍，但他却已经开始啃金融学的书籍，并跑去翻阅各种保险业的统计资料。虽然说当时他的本钱很少，而他又不喜欢借钱，但是他的钱还是越赚越多。

1954 年，巴菲特如愿以偿地到葛莱姆教授的顾问公司任职，两年后，他向亲戚朋友集资 10 万美元，成立自己的顾问公司，后来他公司的资产增值了 30 倍。

从 11 岁起开始投资股市，巴菲特历经几十年，他认为，他之所以能靠投资理财创造出巨大财富，完全是靠近 60 年的岁月慢慢地积累出来的。

所以我们一定要明白积少成多的道理。在合适的时候，用自己的积累慢慢地滚动，让自己理财的步伐越来越快，积累越来越多。而如果一开始你就没有这个思路，只想着一步登天，那么你的房子会被你所喜爱的手机、裙子、大餐等一平方米一平方米地消耗掉，到最后你还是一个一无所有的穷人。具体来说，要利用金钱的价值，有下面几点可以借鉴。

1. 弄清楚自己目前的积蓄，要特别注意，是你自己，不包括你父母或家庭的钱。作为一个成年人，你应该清楚自己的财产。分清楚流动资金和非流动资金。

2. 开源节流。你目前所从事的职业可能未必能用到你的全部技能，或是你完成本职工作之后，尚余大量精力，这种时候你便要克服惰性，充分发挥潜力，努力挣钱。比如，如果你文笔好，你可以从事业余创作；你有财务知识，不妨做第二职业，这不仅对你的本职工作大有裨益，同时也会积累可观的资本。

3. 储蓄。每月去一次银行，无论存多少钱，你都要存。在你人生的任何一个阶段，无论你的收入怎样都应该养成储蓄的习惯，可以将储蓄分成定期储蓄和活期储蓄。

4. 信用卡。信用卡给我们带来方便的同时，也给我们带来一些压力，使很多人都成为"卡奴"。所以在刷卡的时候应该谨慎一点，因为借贷行为会让你的财务状况混乱。

5. 投资。根据你的自身需要选择投资方式。如果你没有房子住，可以先交首付买房，然后每月还贷款，如果你没有养老保险就先买保险。投资越早，收益也就越早。

综上所述，要懂得充分利用金钱的价值，将每一分钱都花得有道理。

第六章
事业是一次不断调整方向的航行

　　拥有成功的事业是每一位有志之士的伟大梦想。有梦，就有希望，但如果在前进的路上，事业之舟偏离了航向，作出错误的决策，梦将永远只是一个梦。所以，在人生路上，要善于调整自己事业的航向，不要让你的事业成为一场空梦。

执著是一个成事的基本条件

对于飞蛾来说，跌倒、失败、残肢断臂都阻止不了它们行进的步伐，正是因为执著，飞蛾才最终将自己融入光明之中，辉煌涅槃。

古人云：古之成大事者，不唯有超世之才，亦有坚忍不拔之志也！他们拥有着如同飞蛾赴火般的执著，一次又一次地奔向光和热，最终得到成功。

如果问成功者的共同特征是什么，由于经济条件、政治立场、生活阅历、知识水平不同，一百个人能给你一百种答案。但归纳总结，其实只有两个字，那就是"执著"。这是因为，成功离不开执著，执著引领成功。

苏格拉底曾经对学生们说："今天是开学第一天，咱们只做一件事，每个人尽量把胳臂往前甩，然后，再往后面甩。"说着，他做了一遍示范。然后他接着说："从今天开始，每天做 300 下，大家能做到吗？"

学生们都笑了，这么简单的事，谁能做不到？可是。一年之后，苏格拉底再问起此事的时候，发现全班只有一个学生坚持了下来。这个人就是以后的大哲学家柏拉图。

所谓执著，其实就是专注于某一项事情而坚持不懈。它也并非那么神秘，就像苏格拉底让学生每天坚持甩300下胳臂似的，你坚持下来了，就是一种执著。执著在各个领域、各个行业、各类人员身上有着不同的表现。比如革命者为革命献出一切仍无怨无悔，是执著；教师几十年扎根山区教书育人，努力改变山区落后教育面貌，是执著；老年人长期坚持晨练不间断数十年如一日，也是执著……可见，执著是种选定正确目标后锲而不舍的奋斗精神，是种坚忍不拔的顽强意志，它能促进事业的成功。

回望所有成功者的成功史，他们无一不是坚守着自己的执著，登上成功之巅的。

德国最伟大的音乐家贝多芬，自幼跟随父亲学音乐，8岁开始登台演出。他一生坎坷，26岁时不幸耳聋，晚年全聋。面对孤寂的生活，他不但没有沉默和隐退，反而对音乐更加痴迷执著，因此他创作了大量充满时代气息的优秀作品留世，为人类留下了无价的音乐之宝。

也因为他对音乐的执著，令他对自己的工作非常严谨，在一份公之于众的手稿上，有一处改了又改、竟贴上了十二层的小纸片。在平时，贝多芬常常揣着笔记本，遇到突发的灵感就立刻记录下来。

有一次，他到一家餐馆用餐。点过菜后，他突然来了灵感，便顺手拿起餐桌上的菜谱，在菜谱的背面作起曲来。直到一个多小时后，侍者问其是否上菜，他才如梦初醒，立刻掏钱结账。侍者说："先生，你还没吃饭呢！"他说："不！我确信我已经吃过了。"他照单付款后，抓起写满音符的菜谱，冲出了饭馆。

正是这种对音乐的执著精神，他才能取得如此卓越的成就，被世人尊称为"乐圣"和"音乐巨匠"。

不仅仅是那些我们耳熟能详的伟人可以因自己的执著成就一番事业，即使是一个平凡人也可以因执著而做出一番成绩，下面就是一个最明显的例子。

　　美国有位有名的画家叫做"摩西婆婆"。她是在丈夫去世之后，即 70 岁的时候才开始画画。在此之前，她从来没有学过画画。可是，在学画的日子里，她经常废寝忘食，用心钻研，向比自己强的画友请教，绘画成了她安度晚年的亲密伴侣。

　　就这样，摩西婆婆从 70 岁开始到去世，一共画出了 1600 多幅作品，这也让她的亲戚朋友及画友对她的执著崇拜无比，她说："我很快乐，也很满足，因为我用我的生命去完成我所能从事的东西。生命，是用来创造的，过去是这样，未来也是这样。"她的不少作品赢得了专家的赞誉，在美国画坛也占有了一席之地。

　　以上两个事例说明，执著是成功者出发的集结号。同时也深刻启示我们，执著创造辉煌，专注成就未来。正如美国作家马克·吐温所说："只要专注于某一项事业，就一定会做出使自己感到吃惊的成绩来。"一个人不管做什么事情，只要精心专注，持之以恒，就一定能达到目的，取得成功。

　　有句话说得好，"千淘万漉虽辛苦，吹尽狂沙始到金"，任何成就，都是心血和汗水的结晶；任何成功，都是执著结出的硕果。我们对待事业，除了无比热爱外，还要有一颗执著的心。

心中锁定目标，脚下就没有了距离

要记住，目标对于我们的人生来说，就像撒在园中的种子，如果我们不留意，有一天野草就会蔓生，它无须我们关照太多，自然会长得又快又多。如果你期望自己得到成功，那么你就需要定下一个远大的目标，在向它挑战的过程中，你会发现无穷无尽的机会，使人生攀上另一个层次。

人活着不容易，所谓"人生一世，草木一秋，花有重开日，人无再少年"，我们不能碌碌无为地度过这一生，虽然我们可能都很平凡，但是只要我们有了目标，有了奋斗的方向，并向着自己的目标努力前行，就一定能得到成功。

以训练跳蚤为例：当你训练跳蚤时，把它们放在广口瓶中，用透明的盖子盖上。这时跳蚤会跳起来，它们会跳起并撞到盖子，而且是一再地撞到盖子。久而久之，它们会继续跳，但是不再跳到足以撞到盖子的高度。等你再拿掉盖子，虽然跳蚤仍然继续在跳，但不会跳出广口瓶以外。

这是因为，它们已经调节了自己跳的高度，而且适应这种情况，不再改变。不但跳蚤如此，人也一样，有什么样的目标就会有什么样的人生。

　　卡耐基曾对世界上一万个不同种族、年龄与性别的人进行过一次关于人生目标的调查。结果发现，只有3%的人能够明确目标，并知道怎样把目标落实；而另外97%的人，要么根本没有目标，要么目标不明确，要么不知道怎样去实现目标……

　　10年之后，他对上述对象再一次进行调查，结果令他吃惊：调查样本总量中97%范围内的人，有5%找不到了，95%的人还在，但除了年龄增长10岁以外，在生活、工作、个人成就上几乎没有太大的起色，还是那么普通与平庸；而原来与众不同的3%，却在各自的领域里都取得了相当的成功，他们10年前提出的目标，都不同程度得以实现。

　　由此可见，杰出人士与平庸的人最根本的区别，就在于有无人生的目标。既不是天赋，也不是机遇，对于没有目标的人来说，岁月的流逝只意味着年龄的增长，他们永远都是日复一日地重复自己。而那些杰出之士则恰恰相反，即便赤手空拳，只要他们知道自己的目标所在，就能战无不胜。

　　经常有人说："我的问题就在于没有目标。"这话说明他不了解目标的真正意义。事实上，追求快乐而避开痛苦便是我们人生的目标。所以说，我们是有目标的，只不过要看我们是否会为了这个目标拿出行动，去追求高质量的人生。

　　摩托罗拉公司就是因追逐目标而成功的典型。

　　就外表看，美国国家品质奖看上去也就是一座不太起眼的小雕像，可是它却象征着美国企业界的最高荣誉。要赢得此奖，公司必须能生产全国最高品质的产品。

　　1988年，竞夺美国国家品质奖的公司有66家，竞争非常激烈。大部分参赛单位，实际上都是像IBM、柯达、惠普的大公司的某一部门。但最后夺魁的是摩托罗拉整个公司，而非单一部门。

　　摩托罗拉从1981年竞争该奖章开始，就派遣侦察小组，分赴世界各地对表现优异的制造机构进行考察，不仅看他们怎么做的，也看他们如何精益求精。

所有摩托罗拉的员工都面临着挑战，力求大幅度降低工作中的错误率。

一批以时计酬的工人，负责指出错误并有奖赏。工程师将所设计的移动电话零件数目，由 1378 项减至 523 项，将错误率降低了 90%，但摩托罗拉公司仍不满意。

公司又设定了新的目标。移动电话每产生 100 个零件，仅能容许三四个错误。也就是说，要求所生产的电话的合格率达到 99.9997%。

因此，所有摩托罗拉员工，都收到一张皮夹大小的卡片，上面标示着公司的目标。公司还制作了一盒录像带，解释为什么 99% 的产品无故障仍然不足。也因公司对每个员工的要求及员工的共同努力，到了美国国家品质奖真正评审的时间，摩托罗拉的产品品质，达到了无人可以匹敌的水准，最后获胜。

也许有人问：这样做值得吗？要知道，一家公司并不能仅凭着最高主管办公室里的一尊小奖杯，便维持对品质要求的高度执著。但实际上，1988 年，摩托罗拉因减掉了昂贵的零件修复与替换工作，而节省了 2.5 亿美元。收入增加了 23%，利润提高了 44%，达到前所未有的纪录。这样的赢利回报甚至完全出乎了预期。

事后摩托罗拉的一名主管声称："得美国国家品质奖，有一种金钱买不到的奇效。"这就是目标的效力，有什么样的目标就有什么样的人生。

树立目标的最大价值在于可以避免浪费时间，避免漫无目的地瞎干。你可以试着在一周内每天花 10 分钟列出所有你能考虑到的目标，一星期后你手头就会有几十个甚至上百个可能实现的目标。写出你自己的愿望，这是开始把你的目标变为具体要求的最好方法。

当然，要达到一个目标，必须事先要有一个清楚的概念。因此，要先弄清楚你在远期、中期以及近期真正所要的是什么，不要把目标悬浮在半空中。对你最有利的是你应该在这个时候决定你的一般目标，如：要具有健全的身体和心智；要获得财富；要成为一名品行良好的人；要成为一个好的公民、好父亲或母亲、好丈夫或太太、好儿子或女儿……

每个人都有眼前的特定目标，如：你准备明天做什么，或希望下个星期与下个月做什么。你最好把有助于你达到中期和远期目标的近期特定目标写下来，这样目标会更容易实现。有一点很重要，那就是这些目标必须是你真正想要达到的。如果你目前的理想和愿望还不够明确，不足以成为一个目标，那就这样试着想象5年后的你是什么样子。你可以自问："我想有多高的教育程度？我想做什么样的工作？我期望过什么样的家庭生活？我喜欢住什么样的房子？我想赚多少钱？我想结交什么样的朋友……"

不过，无论你采用什么原则，怎样去实现自己的目标，一定要运用积极的人生观才能实现你生命中的高尚目标。积极的人生观是一种催化剂，使各种成功要素共同发生作用来帮助你实现目标，而消极的人生观也是一种催化剂，会造成罪恶、灾难等一系列悲剧。

明确目标是成功之始，一个积极向上的目标会使你变得强大有力，会使你拥有胸怀远大的抱负；即使在你失败时，它也会赋予你再去尝试的勇气，会使你不断向前奋进；它还会给你前进的动力，使你避免倒退，不再为过去担忧；会使你理想中的"我"与现实中的"我"统一，使你走向成功之路！

目标在这里指的并不是方向，而是真正的目的地。生活中许多人之所以没有成功，主要原因就是他们往往不明确自己行动的目标。

总而言之，我们必须首先确定自己想干什么，心中锁定了目标，然后才能让脚下没有距离，达到自己的预期。同样，只有明确自己想成为怎样的人，才能把自己造就成那样的有用之才。

信念是人们战胜困难的力量源泉

　　林肯曾经说过："我一直认为，如果一个人决心想获得某种幸福，那么他就能得到这种幸福。"其实，人与人之间原本只有很小的差别，但生命的质量却往往存在着巨大的差异，其中一个重要的原因就在于你的心中有没有信念。信念是力量之源，是照明人生之路的探照灯，是打开成功之门的金钥匙。

　　人生可以平淡，也可以阴暗，甚至还可能遁入黑夜，但是唯独不能缺少心中的那一盏灯。只有心中有灯，才能走到哪里都能感受到光明，而信念，就是人生的一盏明灯。信念对人的价值是显而易见的，就像船如果没有舵，总有一天会沉入海底；鱼儿如果离开水，其结果必然是死亡；人如果缺少信念，便只能在十字街口徘徊……

　　信念是一个人工作与生活的支撑力量，它可以帮助人们克服人生中的一切困难，到达胜利的彼岸。如果心中没有了信念，就等于给自己判了死刑。

　　在美国纽约，有一位年轻的警察叫亚瑟尔，在一次追捕行动中，他被歹徒的冲锋枪射中了左眼和右腿膝盖。三个月后，当他从医院出来时，完全变了个样：一个英俊小伙变成了一个又跛又瞎的残疾人。

纽约市政府和其他组织授予了他许多勋章和锦旗。记者问他："你以后将如何面对命运呢？"他说："我只知道歹徒还没有被抓住。"他那只完好的眼睛里透出一种令人战栗的愤怒之光。这以后，亚瑟尔不顾别人的劝阻，多次参与抓捕歹徒的行动，他几乎跑遍了整个美国，甚至为了一个微不足道的线索去了欧洲。

9年后，那个歹徒终于在亚洲某个小国被抓获了，亚瑟尔在行动中起了关键的作用。在庆功会上，他再次成了英雄，许多媒体都称他是全美最坚强最勇敢的人。

然而半年后，亚瑟尔却在卧室里割脉自杀。在他的遗书中，他写明了他自杀的原因："这些年来，让我活下去的信念就是抓住凶手……现在，伤害我的凶手被判刑了，我的恨也消了，生存的信念也随之消失了。面对自己的伤残，我从来没有这样绝望过……"

英国浪漫主义诗人雪莱有这样一句诗："冬天来了，春天还会远吗？"即使你处在寒冷的冬天，只要你心中充满信念，你就能感受到春天的气息；即使你身陷逆境，只要你心中充满信念，就一定会走出困境，走向成功；即使你被挫折和失败一次次打翻，只要你心中充满信念，就肯定有昂首挺立的那一天，总之，不屈的毅力和信念可以帮助我们赢得未来。

坚定的信念可以战胜一切，深沉而完全的信念所产生的力量，比一般人想象的大得多，简直无法估计，要忍受、适应或战胜一切困难，是绝对可能的事，没有例外。

一次演讲上，迈克认识了一位很高大结实的男人，他自我介绍说是这次集会的主持。他是精力旺盛的人，全身充满活力和热情，使迈克对他的积极性格与态度，产生了深刻的印象。

他告诉迈克，他曾经在东南亚的战争中，担任直升飞机驾驶员，后来飞机被击落，他身受重伤，医生们怀疑他的脑部受了伤，所以认为即使他活着，也会变成一个痴呆的人。他把头发分开，指一指头顶上的圆盘状疤痕给迈克看，他的确做过脑部手术。后来，他转到美国的一家军队医院，虽然手脚都不能动弹，但他还能说话，而且思考能力未受影响。

有一天他对妻子说："把我曾经看过的一本书拿来，是皮尔博士的作品，念给我听。"

接下来他的妻子每天都念到这种信念原则，以及积极思考的力量，于是这位几乎绝望的男子，对自己的治愈力产生了强烈的信心，也相信自己有自我重建的力量。最后，他认为纵然医生诊断的结果令人心灰意冷，相信自己依然可以痊愈。

他告诉他的妻子，从那个时候起，他要重新培育自己的意志。他要用意志力控制身体，并对自己保持坚定的信念。于是，他以热情和坚定的态度，经常肯定信仰、信心和精神的力量，给他的意志注入了一股强力。现在看到他身体强壮、心智灵活地对着迈克述说这个故事，这就是最好的证明。

这个例子告诉我们，一位奋发向上的人，当信心的内涵和力量够强够深，他就能使自己产生巨大的改变。所以你应该保持积极的思想，使它永远发挥力量。

海明威说："人可以被打败，但不可以被打倒。"因为只要你心中有信念，任何外来的不利因素都扑不灭你对人生的追求和对未来的向往。很多时候击败我们的，不是别人，而是自己对自己失去了信心。一个人一辈子能够做自己想做的事是最幸福的，然而决定你的未来是幸福还是不幸的一个最重要的因素就是：你的心中是否充满信念。

也许我们曾不满于自己的平庸，也许我们曾抱怨过生活的平淡，然而，当我们为自己的信念持之以恒地向前迈进时，我们的生活也就掀开了新的一页。

什么都想做的人，什么都做不好

如果一个人过于努力想把所有事情都做好，那他最终的结果就是一事无成。那些真正能成功的人，也许没有做很多事情，但他们却能够集中全部精力专注地去做一件事情，而这件事情，很多时候足以改变一个人的命运。

一个人的精力是有限的，如果什么都想做，可能到最后什么都做不好，既浪费时间又浪费精力。把精力分散在好几件事情上，是不切实际的。想成大事者不同于旁人，是因为他们往往只关注一件事。也就是说，我们不能因为从事分外工作而分散了精力。这样做的好处是不至于因为一下想做太多的事，反而一件事都做不好，结果两手空空。

有人曾问爱迪生，他成功的秘诀是什么，爱迪生回答说："能够将你身体与心智的能量锲而不舍地运用在同一个问题上而不会厌倦……你整天都在做事，不是吗？每个人都是。假如你早上 7 点起床，晚上 11 点睡觉，你做事就做了整整 16 个小时。对大多数人而言，他们肯定是一直在做一些事，唯一的问题是，他们做很多很多事，而我只做一件。"在这里，我们就不得不提"一件事原则"，即专心地做好一件事，就能有所收益、能突破人生困境。其实，如果人们能集中精力专注于某一项工作，大多数人都能把这项工作做得很好。

一个仓库老板一时不慎将他珍爱的怀表落在仓库的某个角落，他自己怎么也找不着。于是他贴出海报说，谁要是能帮他找到怀表就给他100美元作为酬谢。很多人看到海报后都过来试试运气，但遗憾的是，他们几乎找遍了整个仓库，但还是没有找到。一个男孩在白天时也和大家一起找，也没找到。但他不甘心失败，于是在夜晚，他又来到仓库里，把耳朵贴在地面上，专心地听了很久，终于，他听到了一阵微弱的"滴答滴答"。他循声找去，终于找到了那只躺在角落里的名贵怀表，并如愿以偿得到了那笔酬金。

后来，那男孩在被仓库老板问及是如何找到自己的怀表时，男孩静静地说："静下心来，专心做一件事，就会成功。"

不仅是这小男孩，卡耐基在分析了100多位在其本行业获得杰出成就的人士的商业哲学观点后，发现了一个事实：他们一次只专注做一件事，每个人都具有专心致志和明确果断的优点。

在做任何事情的时候，都要有明确的目标，这不仅会帮助你培养出能够迅速作出决定的习惯，也会帮助你把全部的注意力集中在一项工作上，直到你完成了这项工作。

能成大事者的人往往都是能够迅速而果断地作出决定的人，他们总是首先为自己确定一个明确的目标，然后集中自己的所有精力、专心致志地朝这个目标努力。

全球百货零售商伍尔沃斯为自己确定了在全国各地设立一连串的"廉价连锁商店"的目标，于是他把全部精力花在这件工作上，最后终于完成了此项目标，也使他获得了巨大成就。

林肯一生都专心致力于解放黑奴，并因此成为美国最伟大的总统。

李斯特在听过一次激动人心的演说后，立志要成为一名伟大的律师，于是他把一切心力专注于这项工作，他也因此成为美国最伟大的律师之一。

伊斯特曼致力于生产柯达相机，而这给他带来的不仅是数不清的金钱，他也为全球数百万人带来无比的乐趣。

海伦·凯勒尽管又聋又哑又失明，但她专注于学习说话，因此，她还是实现了她的明确目标。

从这些事例可以看出，所有成大事者，都有某种明确而特殊的目标，并把这些目标当做他们努力的主要推动力。

所谓专心，就是把意识集中在某一个特定欲望上的行为，而且要集中到已经找出实现这项欲望的方法，并坚决地将之付诸实际行动。

莫泊桑是世界著名的短篇小说巨匠，他是文学大师福楼拜的弟子。说起莫泊桑如何学习写得一手好短篇小说，还有一段故事。

莫泊桑 1850 年 8 月出生在法国西北部诺曼底省狄埃卜城附近一个没落的贵族家庭，和妈妈一起生活。小时候，莫泊桑就很聪明，而且他的爱好非常广泛。他不但热爱读书背书、写作诗文，还喜欢踢足球、弹钢琴、修理汽车、去烧烤店学习制作烧鹅，就连到农田里种菜也很拿手。

一天，舅父带着莫泊桑拜访文学大师福楼拜。舅父本来是想请福楼拜将莫泊桑收做学生，让莫泊桑跟随他学习文学，可是没想到，莫泊桑却一脸骄傲地问福楼拜道："福楼拜先生，您究竟会些什么？"

福楼拜反问莫泊桑："那么你会些什么？"

莫泊桑得意地说："我什么都会，只要您知道的，我就会。"

福楼拜不慌不忙地说："那好，你就先跟我说说你每天的学习情况吧。"

莫泊桑仰着头，自信地说道："我上午用两个小时来读书写作，用两个小时来弹钢琴，下午则用一个小时向邻居学习修理汽车，用三个小时来练习踢足球，晚上，我会去烧烤店学习怎样制作烧鹅，星期天则去乡下种菜。"说完后，莫泊桑得意地反问道："福楼拜先生，您每天的工作情况呢？"

福楼拜听了，笑了笑说："我每天上午用四个小时来读书写作，下午用四个小时来读书写作，晚上，我还会用四个小时来读书写作。"

莫泊桑不解地问道："难道您就不会别的了么？"

福楼拜没有回答，而是反问道："你做的那么多事，有哪一样事情是做得特别好的？"莫泊桑一时语塞，答不上来，于是他反问福楼拜："那么，您的特长又是什么呢？"

福楼拜说："写作。"

这时候，莫泊桑才恍然大悟，原来特长就是专心地做好一件事情。所以，他放弃了弹琴、修汽车、烤烧鹅、种菜，开始真诚地拜福楼拜为师，学习写作。福楼拜的教育方法很简单，就是要求莫泊桑"专心地做这件事"。他让莫泊桑每天骑马出去跑两个小时，回来后把自己所看到的一切都写下来，"你所写的每一个杂货铺、每一个人、甚至每一匹马，都要直接呈现最吸引人的细节，让人们能一眼把它们都认出来。"这种练习"专注观察"的方法，莫泊桑持续了一年之久，使他逐渐变得善于发现那些别人不容易发现的细节，这也为他的写作生涯打下了坚实的基础。

1880年，莫泊桑因发表短篇小说《羊脂球》而一鸣惊人，之后的十几年，莫泊桑创作了6部长篇小说和350多篇中短篇小说。他最擅长从平凡琐屑的事情中截取出细致有趣的片段，这都是多年训练他的专注观察能力所至。因为他所写的短篇小说尤其受到读者欢迎，最终他和契诃夫、欧·亨利被并称为世界短篇小说三大巨匠。

如果莫泊桑不懂"专心做好一件事"，他可能会成为一个会烧鹅、会种地、会写诗歌的汽车修理工，但绝对无法成为一名文学巨匠，获得如此伟大的成就。

可是，怎样才能拥有这种神奇的专注力呢？

1. 自信心和欲望是其中的主要因素。

没有这些因素，专心致志的神奇力量将毫无用处。为什么只有很少数的人能够拥有这种神奇的力量？其主要原因是大多数人缺乏自信心，而且没有什么特别的欲望。对于任何东西，你都可以渴望得到，而且，只要你的需求合乎理性，并且十分热烈，那么，"专心"将会帮助你得到它。

假设你准备成为一位伟大的作家，或是一位杰出的演说家，或是一位成功的商界主管，或是一位能力高超的金融家，那么你最好在每天就寝前及起床后，花上十分钟，把你的思想集中在这项愿望上，以决定应该如何进行，这样才有可能把它变成现实。

当你要专心致志地集中你的思想时，就应该把你的眼光投向一年、三年、五年甚至十年后，幻想你自己是这个时代最有力量的演说家；假设你拥有相当不错的收入；假想你利用演说的报酬购买了自己的房子；幻想你在银行里有一笔数目可观的存款，准备将来退休养老之用；想象你自己是位极有影响的人物；假想你自己正从事一项永远不用害怕失去地位的工作……唯有专注于这些想象，才有可能付出努力、美梦成真。

2. 一次只专心地做一件事，全身心地投入并积极地希望它成功，这样你的心里就不会感到筋疲力尽。

不要让你的思维转到别的事情、别的需要或别的想法上去。专心于你已经决定去做的那个重要项目，放弃其他所有的事。把你需要做的事想象成一大排抽屉中的一个小抽屉。你的工作只是一次拉开一个抽屉，令人满意地完成抽屉内的工作，然后将抽屉推回去。不要总想着所有的抽屉，而要将精力集中于你已经打开的那个抽屉。一旦你把一个抽屉推回去了，就不要再去想它。

3. 了解你在每次任务中所需担负的责任，了解你的极限。

如果你把自己弄得筋疲力尽，那你就是在浪费你的效率、健康和快乐。选择最重要的事先做，把其他的事放在一边。做得少一点，做得好一点，才能在工作中得到更多的快乐。

综上所述，如果我们什么都想做，到最后可能一事无成。在激烈的竞争中，如果你能专心致志，向一个目标集中注意力，成功的机会将大大增加。

偏执会影响一个人正常的思考

偏执是人生路上的最大杀手，它会毁掉很多美好的东西，为了避免偏执，就要在行不通的局面中，停下来思考，转换角度，以获得人生的新的突破。

做人不可太过偏执。要懂得换个角度思考，也许让你焦虑的问题就不成问题了。有时候，你得不到你想要的东西，说不定是命运给你的一个美妙的恩赐。就像通往广场的路不止一条，那么通往成功的路，一定也不止一条。如果此路不通，就要另寻别路，如果非要执著坚持，一意孤行，最终你也难以到达彼岸。

不要偏执，遇到难题时要学会停下来思考，别把自己给堵死了，学会转换自己的思路，以打开新的局面，这才是人生的智慧。

从前，阿利·哈费特听到一位印度学者说："一颗拇指大小的钻石，就能买下附近所有土地；如果你能找到钻石矿，甚至能够让你儿子坐上王位了。"

从此，钻石的价值就在哈费特的心坎留下了深刻的印象。

那天晚上，哈费特彻夜未眠，第二天一早便跑去找学者，问他要到什么地方才能找到钻石。

学者发现他如此迷失，便更改了谏言，希望打消哈费特的念头。

但是，已经沉入妄想中的哈费特完全听不进去，缠着学者，一定要他告诉自己，这个学者无奈地随口说："您要去很高很高的山里，寻找流着白沙的河，只要找得到白沙河，就一定找得到钻石。"

于是，哈费特将自己所有的家产变卖了，独自一人开始他的寻钻之路。但是，他找了许久，始终找不到宝藏，最后，无助的他在西班牙的海边，投海自杀了。

几年后，哈费特的房子迎来了新的主人，他准备让骆驼饮水时，发现沙中竟然闪着奇特的光芒。

他取来工具去挖，结果挖到一块闪闪发光的石头。屋主不知道这是什么东西，只觉得这个石块很漂亮，便将它放在炉架上。

有一天，曾经的那位学者来拜访这户人家，一进门，就发现炉架上那块闪闪发光的石头。学者惊奇道："这是钻石啊！是哈费特回来了？"

新屋主说道："没有啊！哈费特并没有回来，这块石头是我在后院的小河旁边发现的。"

学者怀疑地说："不！你在骗我，我一看就知道这是颗钻石，我认得出这是颗真正的钻石！"

于是，新屋主向学者说明他找到钻石的地方，两人便立刻来到小河边，开始挖掘。几分钟后，底下便露出一块更为亮丽的石头，接着又陆续挖掘出许多的钻石。

后来，献给维多利亚女王的那块钻石，也是出自这个地方，而且净重一百克拉。

追求，绝不是单靠盲目和蛮力可以做到的，盲目的追逐者不清楚自己想要的是什么，而蛮力的追求者总是迷失了自己。哈费特的宝藏就在自己家门口，而他却非要出远门去寻找，结果闹得一无所有，自杀收场。

要知道，一味追逐物质，很容易会丧失自己的价值。而如果秉持不见棺材不落泪的态度，则会使自己丧失最终的收获。在我们的一生当中，常常会遇到许多问题，如果有的问题想不通，就不要执著下去，要懂得变换角度，从另一个层面考虑。

有人曾花重金请三位画师以"深山古刹"为题作画。第一位淡墨浓笔地画出了深山、古寺的全景；第二位画的则是丛山深林掩映的古刹一角；而第三位，却别出心裁地只画了一位老僧在山脚下汲水。比较起来，第一幅画将"深山古刹"和盘托出，一览无遗；第二幅以一角暗示全景，似含蓄而实浅露；而第三幅似乎离题，但从老僧汲水于山脚，可以使人联想到深山中的古寺，耐人寻味。

第一位画师受到画题局限，按常规思路忠实完整地图解了题意，然终因过于直露、规范而略显平淡；第二位画师的思路比较灵活，减弱了对直接的感性材料的需求，择取重点，并融入一定的想象，因而较之第一幅画多了些意味。然而全景之于一角，一角之于全景，前者是"加"，后者是"减"，这种加减习惯思考法，难以创造出全新的意境；第三位画师一反常规，换了个角度，偏不从"古刹"上取景，任由联想自由地浮现，画了个汲水老僧，寓有于无，创造出一个独特的画面，取得了神奇的艺术效果。

人生也是这样，要学会创造性的生活，要学会转换角度思索问题。三种方法都能达到让人明了、给人艺术感染的作用，但要寻求最佳的表现途径。人活着不要墨守成规，有时候在特定的环境中，老一套的规矩也许不好使，这就需要发挥创造性的思想，别开天地，绘出让人惊诧的一笔来。

横看成岭侧成峰，远近高低各不同。从不同的角度观察生活，就能收获不同状态的人生。

急于求成只会欲速则不达

冲动是魔鬼，如果做事太过急于求成，不但不能达到人们预期的效果，只能使人忙中生乱，错失机会而铸成大错。

俗话说：心急吃不了热豆腐。这句话形象地告诉我们，如果一个人缺乏耐心而急于求成，就会失去很多成功的机会，给自己带来不必要的损失和痛苦。正所谓"欲速则不达"，忍耐也是快乐而有益的人生的一个很重要的品质。毕竟，有些事情的确值得等待。

齐白石是中国近代画坛的一代大师，他当年为了学习篆刻，曾经向一位老篆刻艺人虚心求教，篆刻是一门必须将心沉静下来钻研的艺术，急于求成是肯定不行的。因此老篆刻家对他说："你去挑一担础石回家，要刻了磨，磨了刻，等到这一担石头都变成了泥浆，那时你的印就刻好了。"

于是，齐白石就按照老篆刻家的意思，静下心来，每天都细心钻研，将那些石头刻了磨，磨了刻。当这一担础石通通都被"化石为泥"的时候，他的篆刻艺术也达到了炉火纯青的境界。

如果齐白石不是耐下心来学习篆刻，而是急于求成，那么他的篆刻水平肯定是相当有限的。

冲动是魔鬼，如果做事太过急于求成，不但不能达到人们预期的效果，只能使人忙中生乱，错失机会而铸成大错。

有一天，某公司的一个小职员因要赶时间参加一个很重要的会议而不得不在街边等出租车，这次会议关乎他能否升职，所以不能迟到。不幸的是，他的闹钟却在清晨坏掉了，最糟糕的是还有 20 分钟会议便要开始了。

好不容易他才拦截了一辆出租车，匆匆忙忙上车后，他便对司机说："司机师傅，我想赶时间，拜托你走最短的路！"

司机问道："先生，是走最短的路，还是走最快的路？"

小职员好奇地问："最短的路不是最快的吗？"

"当然不是，现在是繁忙时间，最短的路肯定交通堵塞严重。你要是赶时间的话便得绕道走，虽然要远一些，但是能在最短的时间内到达。"

听了司机的话，小职员最后还是选择了走最快的路。途中他看见有一条街道被堵得水泄不通，司机解释说那条正是最短的路。正如司机所言，绕道多走一点路果然畅通无阻，虽然路程较远，多花了点时间，却很快便到达目的地。

结果，小职员最终赶上了会议，还升职当了部门主任。

人们都想用最短的时间做好一件事，但是能在最快时间到达走的未必就是最短的路，有时候为了赶时间就得多走几步。所以说人无论做什么事情，不要急于求成，操之过急，只要按部就班，脚踏实地，一步一步地去做，就一定会有收获，欲速则不达是万古不变的真理，我们只要坚持这一真理，就一定能成功。

跟在别人后头永远无法超越别人

正如一位哲人所说："羡慕就是无知，模仿就是自杀。"每个人都有自己特殊的地方，每个人的特色也都不一样，你要懂得，这个世界上从来都不存在什么完人，如果你一味地跟在别人后头，只是羡慕和模仿别人，从而忽视了自身的本色，那也终将使自己陷入绝境。

那些已经获得成功的人走过的路，或许并不适合其他人亦步亦趋地跟着重新走。因为在每个成功者的背后，都有他们自己独特的、不能为别人所仿效和重复的经历。当然，这并不是说完全不学习成功者的经验，在某些时候，我们可以模仿别人，跟在别人后头，以便使自己尽早成功。但却不可一味地模仿，否则就会成为生活的负累，最终迷失自己。

生活中，我们常常能看见有些人总是去模仿别人，忘记自身的特点，他们看见别人穿的衣服很漂亮，就会也去买，但穿在自己身上是否合适，却不去考虑。

在大千世界中，没有两个完全相同的人，人与人之间都存在着各种差异，可能是性格不同，身材、外貌不同，或是生活的环境不同，就像两片树叶一样，虽然看上去大致一样，但仔细比较一下，却不可能找到两片相同的叶子。人就更是如此了，即使是孪生兄弟姐妹，外表大致一样，但总能区别出他们的个性。这应该就是人与生俱来的特质，不可能改变，正是有了这种差异，才使世界显得丰富多彩。

要知道，在这个世界上，你是一个全新的人，以前从来没有过，从开天辟地到今天，没有人是完全和你一样的，将来直到永远，也绝不会再有另一个人跟你完完全全一样。

下面的这则寓言就能说明这个问题。

一天，有一只老鹰从很高的岩石上向下俯冲，用它的利爪抓起了小绵羊，动作一气呵成、潇洒飘逸。正好当时有一只穴鸟看到了老鹰漂亮的捕猎动作，穴鸟心里很是羡慕，便想模仿老鹰的动作进行捕食。它贪婪地盯着那又肥又大的绵羊，将它当成自己的猎物，然后穴鸟像老鹰一样从天而降，准确地扑向目标，死死抓住了绵羊。但意外的事情发生了，穴鸟的脚爪被绵羊弯曲的、厚厚的毛给缠住了，怎么拔也拔不出来。这时候，牧羊人发现了正在挣扎的穴鸟，就过来把穴鸟的脚爪尖剪掉，并把穴鸟带回了家，给孩子们玩。孩子们问这是什么鸟，牧羊人说："据我所知，这是穴鸟，但是它却自以为是老鹰。"

单纯地模仿，让穴鸟遭遇了悲惨的下场。其实不仅仅是动物，人如果这样一味跟在别人后头，模仿别人，最后可能连自己也都失去，更别说超越别人了。有另一则寓言刚好讲的就是这个道理。

从前，有传言说赵国都城邯郸的人走路的姿态很好看，他们的动作优雅而轻快。一天，燕国有一个少年听到这个传说，觉得非常羡慕，就走了很远的路到赵国邯郸，想学习邯郸人走路的姿势。刚开始，他整天站在街头，仔细研究每个人走路的姿态，再慢慢模仿他们，可是他发现自己还是没有办法走出邯郸人走路时的那种优雅和神韵。他想，可能是受到过去走路习惯的影响，所以，他决定要彻底忘掉自己以前走路的姿势。于是，他更加专心地研究邯郸人走路的姿势，不过，再怎么努力他还是学不会，到最后他只好放弃。可不幸的是，因为他把以前走路的方法给忘了，已经不知道该怎么走路，所以只好一路爬着回去。他也成了最大的笑柄。

这个故事告诉我们：你可以模仿别人，但不可以一味地进行模仿。不要活在别人的影子里，你就是你，不是别人的翻版。我们每个人的个性、形象、人格都有其相应的潜在的独特性，都有其赢人之处，我们完全没有必要去一味忌妒与猜测他人的优点，只有保持自己的本色，必将拥有灿烂人生。

其实，我们每个人都有各自的特点和长处，但我们却总是容易将它们忽视，以至于自己的长处得不到发挥，最后在模仿别人长处的过程中付出了惨痛的代价。看别人做得好，到自己未必就能行，与其模仿别人还不如充分利用自己的优势，让别人来羡慕你！

据说，著名的歌星金·奥特雷在刚出道之时，想要改掉他德克萨斯的乡音，便模仿纽约人说话的方式，同时，为了使自己更像个城里的绅士，他干脆自称为纽约人，但大家都在背后耻笑他。后来，他恢复自己的本色，开始弹奏五弦琴，唱他的西部歌曲，反而名声大噪，从此开始了他那了不起的演艺生涯，成为在电影界和广播界最有名的世界级西部歌星之一。

由此可见，跟在别人后头一味的模仿带来的多是耻笑和失败，一个人只有挖掘出自己的本色，才能发挥自我。相对来说，人们之所以这么苦恼，是由于试图使自己适应一个并不适合自己的模式。

总之，在生活中，追求一个并不合适自己的模式的人很难获得成功，也很难获得幸福。还不如保持自己的本色，试着把握自己的个性，发现自己的优点，把自己的独特个性和优点充分地发挥出来，在顺其自然中充分发展自己是最明智的。

只有坚持到底才能迎来最后的胜利

坚持到底是一种持之以恒的态度。中国有句成语：水滴石穿。小小的水滴日积月累，持之以恒，就可以把坚硬的石头穿透。世上就算再难的事情，只要有持之以恒的态度，就没有做不成功的。

人与生俱来就对成功拥有强烈的渴望，没有人会喜欢失败，我们每个人都希望在自己的人生道路上取得成功，赢得胜利。综观历史上众多成功人物的成长经历，不难发现，在获取成功的过程中，有一条永恒不变的法则，那就是坚持到底，直到胜利。

然而，在现实生活中却有很多人都没能成功，对于失败者而言，成功似乎遥不可及，成为了一种奢望。究其原因，主要有三：一是有的人想都不敢想，二是有的人虽然想了却不一定去做，三是有的人想了、也做了，却没能坚持到底。

坚持到底是一种决不放弃的精神。古人云："万事皆有道"。要想获得成功，就需要我们坚持不懈地朝自己的目标前进，无论是坐交通工具，还是步行，最终定会抵达目的地。

英国首相丘吉尔曾经对一所大学的学生演讲时，透露了自己获得成功的最大秘诀，这也是有史以来最简短，最成功的一次演讲。他站在演讲台上说："我成功的秘诀来自于三点：第一，决不放弃；第二，决不，决不放弃；第三，决不，决不，决不能放弃！我的演讲结束。"

丘吉尔只用了一分钟就深刻地阐述了坚持到底就会成功的真理。

坚持到底也是一种不达目的誓不罢休的决心。俗话说：骐骥一跃，不能十步；驽马十驾，功在不舍。因此，只要坚持，什么都可以做到。

有这样一个故事：

著名的汽车大王福特自幼帮父亲在农场干活，当他12岁时，就在头脑中构想出一种能够在路上行走的机器，这种机器可以代替牲口和人力。可是，当时他的父亲要求他必须在农场当助手。福特坚信自己可以成为一名出色的机械师。于是，他用一年的时间完成了别人要三年才能完成的机械训练，随后又花两年时间研究蒸气原理，试图实现他的目标，然而却没成功。随后他又投入到汽油机的研究上来，每天都梦想着制造出一部汽车。其创意被大发明家爱迪生所赏识，邀请他到底特律担任工程师。经过十年的辛苦努力，福特成功地制造出第一部汽车引擎。今日的美国，平均每个家庭都有一部以上的汽车；今日的底特律，已成为美国最大的工业城市之一；福特也实现了自己成功的梦想。

还有一个故事：

她14岁那年，在湖南益阳的一个小镇卖茶，1毛钱一杯。她用的茶杯比别人大一号，所以她也是卖得最快的，那时，她总是快乐地忙碌着。

17岁那年，她把茶卖到了益阳市，并且在小摊上改卖当地特有的"擂茶"。擂茶制作比较麻烦，但好在价钱上有所回报。那时，她的小生意总是忙忙碌碌。

20岁那年，她仍在卖茶，不过是在省城长沙，摊点也发展成了小店面。客人进门后，总能尝到热乎乎的香茶，在尽情享用后，临走时他们或多或少会掏钱再拎上一两袋茶叶。

到 24 岁，她始终在茶叶与茶水间滚打。这时，她已经拥有 37 家茶庄，遍布于长沙、西安、深圳、上海等地。福建安溪、浙江杭州的茶商们一提起她的名字，莫不举手称颂。

转眼她 30 岁了，她终于实现了平生最大的梦想。"在本来习惯于喝咖啡的国度里，也有洋溢着茶叶清香的茶庄出现，那就是我开的……"说这句话时她已经把茶庄开到了香港和新加坡。

这是两个真实的故事，从这两个故事中可以发现成功的秘诀只有两个字——坚持。任何伟大的事业，成于坚持到底，毁于半途而废。其实，坚持到底，是世间最容易的事，也是最难的事。说它容易，是因为只要你愿意，人人都能做到；说它难，是因为只有少数人能真正坚持下来。

巴斯德有句名言说得好"告诉你使我达到目标的奥秘吧，我唯一的力量就是我的坚持精神。"对于整个人生来说也是如此，从"昨夜西风凋碧树，独上高楼，望尽天涯路。"到"衣带渐宽终不悔，为伊消得人憔悴。"再到"众里寻她千百度，蓦然回首，那人却在灯火阑珊处。"只有如此，到我们老了的时候细细回想起来，才会觉得没有虚度曾经美好的年华，才会觉得自己的整个生命都充满价值。

所以说，只有坚持到底才能迎来最后的胜利。

第七章
爱情是一串没有结局的省略号

　　每个人都渴望真正的爱情，其实，爱情本来就很朦胧，它是两个人彼此的关心，彼此的惦念，无论什么时候都把心放在对方的心中，这样才是真正的爱。爱情靠的是缘分，两个人在一起真的是很需要缘分，既然你决定和他（她）相守，就需要用点智慧好好地经营你们的爱情。真正的爱情并不一定是他人眼中的完美匹配，而是相爱的人彼此心灵的相互契合。人可以老化，但是不能腐化，爱情可以老化，但是不能淡化，正因为如此，爱情是一串没有结局的省略号。

爱就勇敢说出来

　　给自己一点勇气，一点信心，勇敢地把"爱"说出口，即使遭到对方的拒绝，至少对于自己来说，不再会有什么遗憾了；也许，你的人生会因为你的表白，对方的接受，而幸福一辈子。

　　如果你爱上一个人，一定要大胆地说出来！暗恋一个人是一件独自快乐，亦独自痛苦的事。喜欢一个人很幸福，可是如果你喜欢对方到一定的程度却不敢表白，这种幸福也伴随着痛苦。暗恋一个人时会有一些期待的甜蜜，但也会有压抑、期待、憧憬、无奈、失落、紧张。这些情绪，很容易让人觉得累。

　　吴华工作已经两年了，突然有一天，他意外地遇到了生命中第一次让他动心的女孩小颖。

　　吴华当时因为工作出色被提拔为部门经理。而小颖刚毕业，被招聘到吴华所在的部门做文员。在日渐熟悉的过程中，吴华发现，小颖不仅长得漂亮，而且谈吐文雅，举止端庄，更巧的是，她与吴华也有共同的爱好——看影片，于是，吴华渐渐地被小颖吸引了。他们俩在一起，总是有说不完的话，即使有时候什么也不说，但吴华也能感觉到一种温馨和踏实。

有时候小颖请假没来上班，吴华就会坐立不安，他对小颖的感情也越来越深，她的一举一动时刻都牵引着吴华的心，看到她与异性玩也会吃醋。他知道，这是一种爱情的信号。但他又不知道小颖心里是怎么想的，而且自己还是她的上司，万一遭到她的拒绝，面子上也过不去。万一她被自己吓住了，转身走人就不好了，还不如像现在这样，至少可以每天见到她，默默地看着她。

两人的关系就这样原地踏步，终于有一天，小颖身边多了一个男人，他每天下班的时候都会到公司门口接她。后来，小颖辞职离开了公司。吴华自此也每天无精打采。两人的关系，仅限于节假日的短信问候。

有一天，吴华在坐公交车的时候，竟然无意间看到了小颖，可是她已经嫁为人妻，这让吴华不禁一阵心酸。于是，吴华邀请小颖一起吃饭，饭桌上，吴华借着酒劲，想起曾经的心动，把藏在心中的秘密一吐为快。

小颖听了，流着泪说："那时候，我也很喜欢你。我一直在等你表态，可是你什么也没说。我离开的时候，你也没有对我表露什么，我以为你仅仅只是把我当成一般的同事。后来，我通过家里介绍认识了我丈夫，一开始我并不喜欢他，但他真的对我很好，慢慢的，我被他感动了，我们就结婚了。"

听到小颖的话，吴华震惊了，"原来她也是喜欢我的！为什么当初自己不鼓足勇气跟她表白，为什么？"可是，如今悔之晚矣。

吴华因为没有勇气表白，而失去了一段爱情，错过了一个自己喜欢的女孩子，等到自己追悔的时候，却已经来不及了。

其实，勇敢地把"爱"说出口，并不是一件多困难的事，只要给自己一点勇气、一点信心，即使遭到对方的拒绝，也胜过给自己留下遗憾；也许，你的人生会因为你的表白，对方的接受，而幸福一辈子。

有一个男孩爱上了一个女孩，但两人各方面的条件却相差甚远，男孩其貌不扬，是那种在人堆里很快就会被淹没的人，而女孩却靓丽可人。男孩心里也清楚，所以他从不敢对女孩说爱，他只是默默地关爱着女孩。女孩对他的爱心知肚明，虽然她对他也有那么点好感，但并不想接受他，因为她觉得自己应该找一个更优秀的恋人。

冬天的某日，女孩约男孩见面，想当面把这事捅破，让他不要在自己身上浪费时间。男孩准时来赴约，并带了一塑料袋的东西递给女孩，女孩打开一看，里面有新买的指甲剪、棉鞋垫，还有冻疮膏。女孩感到莫名其妙，问道："你带这些东西给我干什么？"

男孩心疼地说："看看你的手就知道了，你需要它们。"

原来前一天他和女孩见面的时候，看到女孩的指甲长了，而且手上还生了冻疮，虽是很小的一块红肿，也没逃过他的眼。还有，他觉得女孩的皮鞋里面太单薄了，脚肯定不暖和，所以他把这些全备齐了给女孩带过来。女孩被他的"爱情表白"弄得眼睛模糊，狠心的话怎么也没能说出口，并最终决定跟他相处一段时间。后来，男孩对她无微不至，细心呵护，让她终于下定决心嫁给他。

这个例子也说明，爱就要说出来，表达出来让对方知道，这样，你的爱情才会有机会，有可能开花结果。要知道，你说了、做了就有一半的机会，你什么也不说、什么也不做，就一点机会都没有。我们常常说，命运掌握在自己的手中。其实，爱情也掌握在我们自己手中。就像歌手梁静茹所唱的那首《勇气》的歌词一般：爱真的需要勇气……

所以，勇敢地向心仪的那个他或她表白自己的心意吧，无论你是以何种的方式，给你的期待一个结果，也给你期盼的爱情一个机会！

有缘千里来相会，无缘对面手难牵

缘分这东西，看似是很虚无缥缈的，放不下，也放不开的，就永远是属于你的。情侣们吵架、分分合合很正常，如果还有感情，还是爱着对方的，那大多数是怎么闹也分不了的，只是彼此伤感情罢了。

在茫茫人海中，你能够与他相遇，是一份难得的缘。有句话说"有缘千里来相会，无缘对面手难牵"，这是大俗的一句话，其实真真切切的每个有感情的人都应该明白，培养一段感情是多么不容易，如果因为年少轻狂、任性发脾气，因为很小的事闹得分了手，那真的很不值得。如果真是无缘的两个人，又怎么会相遇呢。

要时刻铭记: 爱，是跟一个人朝夕相处，不断地去忍受对方的缺点，直到习惯和接受，甚至可以宽容的一笑置之，那不是懦弱，那是最伟大的包容。在吵架的时候，多读几遍。时间久了，将它渗透到心里。

缘分这东西，看似是很虚无缥缈的，放不下，也放不开的，就永远是属于你的。情侣们吵架、分分合合很正常，如果还有感情，还是爱着对方的，那大多数是怎么闹也分不了的，只是彼此伤感情罢了。

有时候是我们太在乎得失、太计较是非。既然有缘，将来更可能会成为一家人、最亲的爱人，你多付出一点，另一半就多享受一些，那么让对方多享受一些，应该是件引以为傲的事啊。

对女人们来说，要记住，你身边这个男人，只要他还在你身边，他就是爱你的，你仔细用心地好好看一看他的脸，

他的眼睛，要知道他需要你的理解、你的关怀、你的温柔，他的内心其实比你想象中的要脆弱得多，很多时候他只是想得开，但并不是不在乎，因为他是男人，他不能像女人那样娇气，所以他更需要你的爱护。

对男人们来说，要记住，你身边这个女人，只要她还在你身边，她就是爱你的，你对她要稍微细心一点，耐心一点，听听她的诉求，那不是要求。这只是她想在爱里找到更多一些的踏实感觉，身为她的男人，你当然要比她能担待，给她希望。女人的心向来不会那么大，向来都是很容易满足的，她在意的是你的一个眼神、一句轻言、一个小小的礼物或者一次很认真的拥抱，要做到这些其实是很简单的。

如果你是一个年龄比自己女朋友大很多的男人，那么，你的她自然是懂的没有你多，处世不深，所以你需要教会她很多东西，要在很多方面帮助她，而不是去要求她、埋怨她。她更需要你的保护，你们没有共同成长的轨迹，所以你更应该注意方式方法和沟通技巧。她没有你成熟，所以遇到有争执的时候，她更需要你的宽容和开导。你不要让你的大男子气慨吓到她，你可以在外面很是霸气，但千万不要把这种气势带进家庭中，如果你在各方面都比她强势，经济实力、工作事业、朋友圈子，你的气场一定大过她，所以你一定要让她感觉，你把她放在你的气场之中了，不要让她觉得被孤独地排斥在外。

如果你是一个年龄比自己男朋友小很多的女人，那么，你现在经历的是他经历过的，所以他说的很多事其实都是为你好，要虚心接受。他在外打拼事业多年，挣钱不易，生活艰辛，所以你要比一般的女人更加理解你的男人，懂得他这些年来的辛苦和孤独，你要用你小小的温柔让他感觉到大大的温暖。他的事业比你强，但你也不要觉得衣食

无忧了就大手笔的花钱跟姐妹们炫耀，那只能说明你年幼无知，你要学会勤俭持家让他放心，你学着去适应、接受、包容他的大男子主义。

此外还要注意，你们一定有着不同的朋友圈子，能融合到一起当然是最好的，让你的他认识你的朋友们，有活动尽量一起参加，这样真的能避免很多误会。当然，如果实在合不来也不必强求，但千万不要对他的朋友品头论足，不干涉就是最好的做法。

其实，你们能够在茫茫人海中相识、相爱就是一种缘分，幸福离我们很近，你稍微用一点心，就能有很好的效果。

有一种爱，叫做放手

单弦是弹不出和谐、悦耳、动人的曲调的。因此，在爱的世界里，尽可能避免或少一些一厢情愿的想法和举动，当你发现自己是单相思又没有回应的时候，最好的办法是把对方的音容笑貌，把对方对你所具有的那种诱惑、感染甚至是感召言简意赅、简明扼要地深藏在内心。

有句话说得好："当你不再爱一个人的时候请放手，让其他人去爱；当别人不再爱你的时候，请放开，叫自己好去爱别人。"

问世间情为何物，直教人生死相许。情之一字跟随着人的一生走南闯北，东奔西走，如果说把情比喻成一艘船，即便这是一艘破船，也会有千万的仁人志士、痴男怨女硬往这条船上挤。这是因为，只要是有人的地方，就会有感情；有感情的地方，就会有纠缠不清的思绪。

古今中外，有关情感的话题实在是太多，当你爱上一个人，对方却不爱你的时候，这时的爱已经不是你前进的方向了，是需要后退的、成全的、容纳的、宽容的。尽管这么做很难，但你必须得这么做，千万不要为了赌气或报复对方而误入歧途，摧残了自己的情感，玷污了自己的爱，最终你气的和报复的不是别人，而是你自己，如果对方不再爱你，那就意味着你的一切都与对方无关，你在对方的眼里，特别是在对方的情感世界里，你就是一个普通的过客，一个陌路人，就是一文不值。对于你的赌气和报复，对方又能领情多少，感知多少，领略多少？一个不爱你的人，说白了就是一个和你毫无相干的人。

真心地去爱一个人有什么错？要说错的话，错就错在你不该把这种一厢情愿的感情和心理强加给另外一个对你没有视觉、嗅觉、感觉、知觉的人。更不应该为了赌气或报复对方而把一种郁闷、伤感、痛苦当成枷锁套在自己的脖子上，放在自己的心里成为一种解不开的结沉沉地、重重地压在自己的心上。你有情，我有意，那才是情意绵绵、情深意长。

要说爱了不愿放手，甚至用自己的爱去报复一个不爱自己的人，最典型的莫过于《水浒》中的潘金莲，从女人的角度来看，潘金莲是个悲剧人物，她也是不幸的。

其实她和所有的女人一样，也希望自己能嫁一个称心如意的丈夫，但因为她身份卑微、低下，因为肌肤胜雪、娇颜生香而被大户人家纠缠又不肯委身屈就，结果错入武家，这就注定了潘金莲悲剧的开始。一个貌美如花的女子，只因生活所迫，嫁给了身不满五尺、面目生得狰狞的武大郎，自然是心有不甘。更悲哀的是，她对小叔子武松有了爱的萌发和复苏，她无法掩饰对武松的冲动、渴望、倾慕。无疑这是有违道德和伦理的，但在她的内心里已经跨越了道德和伦理的界限，于是她不可救药、三番五次地引诱武松。按照常理来讲，身为有妇之夫的潘金莲已没有爱上别人的权利，更何况她爱的是自己的小叔子，但感情这种东西是没有道理可讲的，所以她也就成了一场悲剧。

很多时候，爱让人变得盲目和奋不顾身。一般的人都很难抵挡住这种诱惑，不同的是，有的人能用理智来战胜和控制住这种诱惑的进攻、渗透、蔓延和逼近，而有的人却不能，所以有的人成为千古佳话，有的人则因为心中有无法摆脱的心魔而成为一种灾难。潘金莲的心魔便是报复，她为了报复武松，和西门庆勾搭，结果导致武大郎的死，并最终引来杀身之祸，以及千古的骂名。

在现实生活中，我们常常可以看到一些因为失恋了或是配偶出轨了，就采取一些极端的、不明智的手段来报复对方的人，他们以此来达到心理上的平衡，结果反而使自己陷入了更痛苦的尴尬境地。当然，也不排除有报复出好结果的，但这种几率非常低。爱是一个很奇妙的东西，既骗不了自己，也哄不了别人，只有当彼此都有爱的时候，才能在你的世界里阳光普照。如果只是单方有，而另一方没有的时候，就变得黯淡无光了。

也就是说，对于不属于自己的爱，就要做到像乌兰托娅在《爱不在就放手》中所唱的那样：爱不在就放手别变成负累，就算痛到心碎也要走出包围。如果爱情已成往事，那就放手，让它烟消云散吧。

不爱了就散场，分手不需借口

　　谁也不能保证自己爱的期限是多久，只能期望相爱的人在彼此都爱的时候互相珍惜，那么，在彼此不爱的时候就散场，诚实地说出不爱，就算会受伤，也不要找什么借口，绝不要感情上的欺骗！

　　爱情是个很奇妙的东西，它拥有无穷的魔力，让人为之目眩神迷。对于俗世红尘中的男男女女来说，若是有爱，纵使他有万般不好，你也能找出一个爱他的理由；但若是已经没有了爱，那么纵使他有千般好，你也能找出一万个分手的借口。

　　谁也不能保证自己爱的期限是多久，只能期望相爱的人在彼此都爱的时候互相珍惜，那么，在彼此不爱的时候就散场，诚实地说出不爱，就算会受伤，也不要找什么借口，绝不要感情上的欺骗！

　　下面有个真实的爱情故事说的就是关于分手借口的事。

　　一个女孩子与前男友分手两年，但她仍然非常迷茫。用她的话说，就是"到现在脑子里也翻不出当年分手的理由"。据说，在分手前的一段时间中，男友仍然宠她、爱她，每次吵架之后，他也都会找到很好的理由去解释，本来她觉得自己是原告的，最后却成了被告。到后来的某一天两人又吵了起来，她骂了他一句"滚"，然后两个人就这样莫名其妙断了联系、分了手。她疑惑的是，为什么吵架都会有个解释和借口，但分手却没有？

其实很简单，只是那个女孩子不懂，那个男人已经不爱她了——不管这段爱情的问题出在谁身上，但既然不爱了，自然也就不需要什么理由。

为什么在分手时非要说出一个冠冕堂皇的理由呢？

如果说相爱是一场戏，结局无非就是天长地久，或者各奔东西。很多人最深刻的记忆就是分手时"曲终人未散"的时候，好像非要谢好这最后一幕才是值得的。而很多电影和小说里给出的答案是，大多数的情侣都会吵翻天，也有平静地分手的，那也只是一场美丽的误会。但是，文艺作品毕竟只是虚构的，在我们的生活中不需要也没有那么多的动静，试问，谁又会为了分手，耗费自己的全部精力呢？很多人，尤其是女孩子们，她们好像永远都不理解，为什么连分手这样惊天动地的事情，有的时候居然连个合适的理由都没有，男人们就这样含糊不清、莫名其妙地溜走？答案一点都不复杂，假如你不爱一个人，你自然不会再去处心积虑地为她编排一个借口，甚至是让她误会一辈子的谎言。

更何况，有时候的抽身而退，其实也只是一种善意，两个人若是男人先开始厌了，不再爱了，就更不应长久拖沓下去，让深爱你的女子在惶恐中小心翼翼，或还天真烂漫地在一个已经不爱她的男人身边撒娇任性。

你要明白，有的东西即使你再喜欢也不会属于你的，有的东西你再留恋也注定要放弃的，每个人的一生都会经历许多种爱，但千万别让爱成为一种伤害。生活中到处都存在着缘分，缘聚缘散好像都是命中注定的事情；有些缘分一开始就注定要失去，有些缘分是永远都不会有好结果；爱一个人不一定要拥有，但拥有一个人时一定要好好爱他。

所以，不爱了就分手，不要找太多理由，你只需要一句不爱了足矣。每一个理由对对方都是一道深深的伤痕，可能时经几年也不会愈合，分手本来就是对彼此的伤害，尤其对于被分手的那个人来说，伤害更加沉重，因此不要把欺骗自己的理由说出来，毕竟你爱过他，那就不要把无谓的理由当借口说出来，这些借口对他的伤害可能比分手还大，可能他一辈子也走不出你说出来的那几句话。不爱了就是不爱了，请千万不要说太多的分手理由。

有时候，明知道要放弃，却不甘心就此离开；明知无前路，却不愿就此放手。总想找个适当的理由，但是，分手需要理由吗？

如果爱，请深爱

　　流传在网上的一段话是对爱最好的注解：爱一个人，要了解，也要开解；要道歉，也要道谢；要认错，也要改错；要体贴，也要体谅；是接受，而不是忍受；是宽容，而不是纵容；是支持，而不是支配；是慰问，而不是质问；是倾诉，而不是控诉；是难忘，而不是遗忘；是彼此交流，而不是凡事交代；是为对方默默祈求，而不是向对方诸多要求；可以浪漫，但不要浪费；可以随时牵手，但不要随便分手。如果这些你都能做到，你也必定能得到爱的回报。

　　在我们一生中，要爱一个人，并不难，难的是如何将这份爱持续下去，一直深爱着。

　　当你爱上一个人的时候，在一开始总是觉得很甜蜜，你会觉得多一个人陪、多一个人帮你分担，你可以不再孤单了，因为你知道有那么一个人会一直想着你、恋着你，不论做什么事情，他都会和你一起。但是随着时间的推移，慢慢的，因为彼此的认识逐渐加深，你开始发现对方的缺点，于是各种各样的问题一个接着一个的发生。这个时候你会感觉烦、累，甚至想要逃避，你对爱情开始感觉不确定了，甚至产生放弃的念头。

其实爱情就像在捡石头，每个人都想捡到一个适合自己的，但是谁知道什么时候才能捡到呢？就算他适合你，可你又适合他吗？

很多时候，或许你刚捡到的时候，并不是那么的满意，但是要知道人是有弹性的，也是会改变的，只要你有心、有勇气，可以将它变成你最想要的那颗。所以，与其到处去捡未知的石头，还不如好好地将自己已经拥有的石头磨光磨亮。如果你拥有爱情，与其去期待那不可知的其他风景，还不如好好地爱你现在所拥有的。

不可否认，爱到了一定程度会慢慢发生变化，我们也不愿意再花那么多的心思。很多人以为是因为感情淡了，所以人才会变得懒惰，不愿再在爱情上多费心。其实并不是那么一回事，这只是因为人被惰性征服了，所以才致使感情变淡的。如果你因为和对方太熟悉，都懒得讲话、懒得倾听、懒得制造惊喜，甚至是懒得温柔体贴，那么你们夫妻或是情人之间，又怎么会不渐行渐远渐无声呢？就像这个男人这样。

这是某个聚餐的场合，有人说多吃点虾对身体很有好处，这时候一个中年男人忽然说："十年前，我老婆还只是我女朋友的时候，她想吃十只虾，我就会给她剥二十只！但现在，要我帮她剥虾壳，真是开玩笑！就连帮她脱衣服我都没兴趣了，还剥虾壳咧！"

许多人在结婚后和另一半的爱情就会演变成这个男人这样，这也是为什么越来越多的人只想要谈一辈子的恋爱，却迟迟不肯走入婚姻的缘故。因为，婚姻容易让人在感情上变得懒惰，而爱情常常会因为你的懒惰而弃你而去。

与此相反，有活力的爱情，是需要适度殷勤灌溉的，不同的对待方式会得出截然不同的效果。

一对情侣约好下班后一起用餐、逛街，可是女孩的公司召开临时会议耽误了正常下班时间，等她冒着雨赶到的时候已经迟到了30多分钟，他的男朋友很不高兴，"你每次都这样，现在我什么心情也没了，我以后再也不会等你了！"然后两人开始争吵，都觉得自己有理，互不相让。

同样的在同一个地点，另一对情侣也面临同样的处境，女孩也是迟到了半个钟头，但他的男朋友很体贴地说："我想你一定忙坏了吧！"接着他拭去女孩脸上的雨水，并且脱下自己的外套披在女孩身上，女孩脸上露出幸福的笑容。

从上面这两个例子我们可以看出，其实爱、恨往往只是在我们的一念之间！爱不仅要懂得宽容更要及时，很多事可能只是在于你当时的心境罢了。

我们经常说："我要找一个我很爱很爱的人谈恋爱。"但是怎么才算是很爱很爱呢？假如从来没有开始，你又怎么知道自己会不会很爱很爱那个人呢？

其实，我们常常会被小说、电影所迷惑，以为在开始前就能判断出自己的感觉，但实际上却不是这么回事，很爱很爱的感觉，是要在一起经历了许多事情之后才会实现的。每个人都希望能够找到自己心目中百分之百的伴侣，而常常忽略了身边的人。

所以，如果你真爱一个人，请深爱，不要在爱情的旋涡中感到迷茫。

第八章

婚姻是一个圈住自己隔开别人的圆

    钱钟书在《围城》一书中，把走进婚姻的青年男女贴切地形容为走进了围城。走进了围城，人也就完成了一生中的重要转变，使本是固若金汤的围城成为一片无遮拦之地，成了男女之间自由走进的自由之门。这个围城圈住了自己隔开别人。无疑，美满的婚姻是人生中的一次正确选择，它会为人生的发展与开拓提供坚固的后方保障，但与此相反，失败的婚姻则是人生中的一场噩梦，带给人的更多是痛苦。经营好婚姻这道围城既是一门艺术，也是人生修行中升华的途径，需要双方共同努力，尤其是包容与忍让的智慧。

不选最好的，只挑合适的

选择婚姻就像是挑选我们脚上的鞋子一样，只有适合自己的才是最好的。

婚姻是要两个人在一起一辈子的，每个人都希望能找到最适合自己的另一半，幸福快乐地过一生。所以，选择伴侣不一定要最好的，最适合自己的才是最佳的伴侣。

婚姻，就像我们挑选一双合适自己的鞋子，舒不舒服只有自己知道。去商场买鞋，我们总会被五花八门、各式各样的鞋子晃花了眼睛，这双漂亮，那双时髦，但穿上未必适合我们自己的脚或身材，有时穿着好看，满足了虚荣，却偏偏忽略了脚的感受，即使再漂亮，如果磨脚，那也照样难受。就像婚姻一样，如果过于追求虚幻和激情，不能放下心来好好生活，是体会不到真实的幸福的。

对婚姻这双我们脚上的鞋来说，争吵、猜忌、冷战，便是那一个个被鞋磨出来的水泡。将婚姻中的不愉快——"脓"给挤出来，很快就好了，然后再吵，又冒出来。这样一次次的恶性循环，终于等到你觉得已经可以忍受的那一天，你却突然觉得，自己早已不喜欢这双鞋了。

当然，有时也会真心地喜欢一双鞋，可偏偏尺码又对不上自己的脚，怎么办？想放弃，又心疼，留下，又疼痛难忍，实在是难以取舍。聪明的老鞋匠有办法，鞋子小了，将它撑大；大了，放个半码，脚放进去也就合适了。其实婚姻里也需要老鞋匠，需要我们用理解、忍让、体谅、宽容这些技术活来调整婚姻这双鞋和我们的匹配度。

现实生活中，完美的婚姻和完美的鞋子一样都是很难找的，所以不要钻牛角尖，白白错过了已经握在手心里的幸福。哪怕看上去并不合脚，但只要能彼此适应，就是你要找的好鞋子。哪怕双方会经常有争执，但只要能彼此忍让，这样的婚姻也是能幸福到老的。

W女士与Q先生二人都经过了漫长的相亲之路后，如今终于结婚了。

W女士46岁，离异，身高1.68米，五官端正，身材体型都保持很好。她性格温和、开朗，思想单纯。在国企上班，租房住，经济状况一般，有一女儿读高中。相亲时要求对方：有房，经济状况良好，其他不限。但就是这个有房、经济状况良好阻隔了众多的姻缘，见了好几个对象，都不行，直到遇到Q先生。

Q先生52岁，175厘米，在一家合资企业从事管理工作，离异后一个人居住，有两处房子，经济状况一般，比女方只是略高一点，没有不良嗜好，人品好，性格内向，属居家型的男人。

开始的时候W女士并不满意Q先生，因为她认为对方的经济条件太普通，但后来经过几次失败的相亲后，在中介的建议下与对方见面了，结果两人相谈甚欢。

处了一段时间后，双方都约见了彼此的家人，感情发展也相当顺利。W女士对介绍他们认识的那位中介满怀感激，婚后，她对自己的丈夫非常满意，"他很懂得体贴，对我非常的好，什么重活都不让我做，把我当宝贝似的。"

第八章　婚姻是一个圈住自己隔开别人的圆

从上例可以看出，寻求另一半最重要的是"适合"，最好的并不一定就是最合适的。我们在选择的时候，也许对方的一些条件与自己的"期望值"有所差异，但只要对方是"适合"自己的那双鞋，尤其是价值观和生活观，其次是性格，待人等等方面，能和自己相契合。至于收入、房子、甚至车子这些物质条件，只要能满足生活需求，就应该予以放宽要求。要知道，你是在选择陪伴一生的伴侣，而不是一张"饭票"。

那么，我们在挑选的时候，什么样的鞋子最好？这一点，每个人的心中都有自己的标准，应该都是心知肚明的。如你喜欢布鞋，它不张扬不华丽，只要尺码合适，穿在脚上踏实、舒服、温暖、贴心，脚与鞋合为一体，走再远再艰难的路，也不会觉得辛苦。

就像你必须知道自己需要一双怎么样的鞋子一样，你要知道自己内心深处最想要一段什么样的婚姻，明白了这点，幸福，也就握在你手中了。

可是，在选择过程中，什么样的人是自己想要的呢？可以参考一下心理学家的建议，他们认为判断男女两个人是否适合"牵手"，应考虑以下10个因素：

1. 不带任何条件，喜欢与对方在一起，能友好地相处。

2. 彼此很容易沟通、互相可以很敞开地坦白任何事情，不会怀疑或轻视对方。

3. 两人拥有共同的理念和价值观，并且对这些观念有清楚的认识与追求。

4. 双方都认为婚姻是一辈子的事，而且都坚定地愿意维持这段长期的婚姻关系。

5. 当发生冲突或争执的时候，愿意与对方一起来解决问题，而不是等以后来发作。

6. 能在相处中找到许多乐趣，可以彼此逗趣，在生活中许多方面都会以幽默相待。

7. 彼此非常了解，并且能够接纳对方，即使对方了解了自己的优点和缺点后，仍然能够确信会被他所接纳。

8. 从最了解你、也是你最信任的对方处得到支持的肯定。

9. 有时也会很浪漫，但绝大多数的时候，你们的相处是非常满足而且是自由自在的。

10. 有一个非常理性和成熟的交往过程，并且双方都能感受到，在许多方面你们都是很相配的。

总的来说，在择偶的过程当中不要选最好的，只挑最合适的，适当地放宽自己的条件，不要画地为牢，一定能迈进幸福的婚姻殿堂。

不能相互体谅的婚姻不长久

对婚姻有个形象的比喻：婚姻像沙子，你捏得越紧，剩下的就越少，只有摊开手掌，放松了才能抓得更多。可见，在婚姻中，相互体谅是很有必要的。

在婚姻生活中，我们也许会为了工作吵架、为了金钱吵架、为了孩子吵架、为了父母吵架，小小的争执会狠狠地破坏家庭的和谐，给原本美满的婚姻带来致命伤。那么，究竟应该怎么维护和经营婚姻呢？经营了一辈子婚姻还相濡以沫的老人们说，美满婚姻靠的是相互体谅。

婚姻中的男女要能够相互适应对方、尊重对方，彼此给对方空间，双方必须相互体谅，还要学习睁一只眼闭一只眼，容忍对方的缺点，幸福婚姻便会近在眼前。

古希腊哲学家苏格拉底的老婆非常凶悍，并且十分唠叨，她经常让苏格拉底在众人面前困窘尴尬。有人想取笑苏格拉底，便故意问他结婚的下场是什么，苏格拉底回答说："娶到一位好老婆，男人会变得快乐；娶到一位坏老婆，男人会变成哲学家。"

虽然苏格拉底的妻子在很多人看来是不能容忍的，可能人们想着这样受罪还不如结束这段不愉快的关系，但苏格拉底以他宽广的胸怀容忍了妻子的那些缺点，体谅她那些在常人看来无法原谅的毛病。而现实生活中，有一些人甚至为了彼此挤牙膏、脱袜子的方法不同而离婚，还真是不可思议，太将婚姻当儿戏了！也因为彼此不懂得沟通，不能体谅对方所致。

下面是现实生活中的一个例子。

王太太是个非常唠叨的老太太，但她先生的修养很好，不管她怎么唠叨，王先生从不生气，顶多回一句："老伴，有得完没有？该休息了吧？"可是王太太不但不停歇，反而声音愈来愈大。

有一段时间，邻里间再也没有听到从王太太家里传出的唠叨声，有人好奇地上门询问，结果王太太很不好意思地告诉邻居说，她偷看了王先生写的一首诗。"相伴唠叨自有缘，唠叨半世意缠绵；劝君休厌唠叨苦，宁愿唠叨到百年。"看完后她有些羞愧，自己居然把丈夫的沉默当成是软弱，从没想过那是他对自己的宽容和体谅，所以她后来就不像以前那样唠叨个没完了。

正是王先生的体谅避免了引发一场又一场的家庭战争，而王太太由于发现了丈夫的用心良苦，从而改变自己唠叨的不良习惯，使夫妻间的婚姻生活更加和谐。有句话说得好："婚姻如饮水，冷暖自知。"每个步入婚姻殿堂的人，和另一个人开始过一种新的生活，两个完全不同的人交集在一起，必定会产生很多的摩擦和矛盾，这就需要双方的相互体谅和宽容，不然，两人的婚姻是肯定不能长久的。

有首歌唱得好：相爱容易，相处难。每天面对着油、盐、酱、醋、茶，这些琐碎的事使我们少了激情、少了浪漫、更少了最初的关注和相互之间的体贴。于是很多人错误地认为，在自己家里可以为所欲为，不用再那么累，于是将所有缺点在对方面前暴露无遗，悠然地享受着对方的奉献与付出，好像这是理所当然、天经地义的事。日复一日平淡的生活，让我们慢慢地感觉失去了很多，明明付出了很多，却得不到对方的理解与珍惜。这样日积月累下来，便有了怨恨之心，面对生活的种种不如意，心里更加失落。

于是，开始责备对方，开始与配偶不停地争吵，渴望自己的付出得到对方的回报。这样便又陷入一个怪圈，越是想要对方给予回应，就越感觉失望，越失望就越是不停地抱怨，直至慢慢地失去了耐心，慢慢的灰心，甚至是绝望。

其实，这世上没有不争吵的夫妻，如果能退一步，想一下对方的好，少一点责备，多一点体谅和宽容。在他不高兴时，想着也许是他工作上有不顺心的事，也许是生活的压力太大，也许只是单纯的心情不好，你为他默默送上一杯茶和你温馨的笑容，让他感觉到温暖和安全。

婚姻与恋爱不一样，维持恋爱的是爱慕与激情，但婚姻里更多的是理解和宽容，是相互的体谅，这样才能让两人长相厮守。在婚姻生活中，体现更多的是平淡。恋爱是浪漫的，但婚姻却很真实，再美妙的爱情也终会有梦醒之时，终要回到柴米油盐的现实中来。

婚姻，不是一个人的事情，维持婚姻关系的双方都须付出努力。有一句妙语说得好："婚姻是唯一没有领导者的联盟，但双方都认为他们自己是领导。"试想，原本形同陌路的一对男女，都有着自己的个性，却要在同一屋檐下风风雨雨几十年。一旦两人有个性冲突，往往便给家庭带来摩擦，很多家庭就是因为这个原因亮起了红灯，此时，就更需要两人彼此的体谅。其实，我们需要做的真的不多，只是在一个具体的婚姻生活中，当男人暴跳如雷的时候，女人可以用忍耐化解战争；当女人使小性子的时候，男人可以用宽容化解这种纠缠。

总的来说，婚姻生活能让人从中学会了很多的东西，相互的体谅、彼此的宽容与理解，是爱里最温柔的部分。

婚姻没有配角，双方都需要关注

夫妻之间要想生活得更美好，感情更协调，首先应该做到的就是相互关注。

夫妻间相互关心体贴，不应该单纯局限于日常生活中的琐事上。现代生活中，由于人们普遍地重视起个人独立的精神生活，所以，夫妻间的相互体贴，还应该加强精神上的沟通。夫妻间的相互沟通和默契，往往会使他们之间产生一种相依为命的感情。

由此看来夫妻间的关心体贴并不是多么难的事情，关键就在于我们是否真正去重视它。

美国著名作家欧·亨利在一篇小说里讲述了这样一个故事。

有一对夫妻，他们的生活非常贫困。这位妻子有一头美丽的长发，她总想买个漂亮的发夹，但是家里没有钱，买不起；她的丈夫有一块心爱的怀表，他总想配上一副漂亮的表链，由于生活拮据，这位丈夫的心愿也总是实现不了。圣诞节到了，这夫妻二人都想悄悄地买件礼物，送给对方一份惊喜。后来，丈夫忍痛卖掉了怀表，给妻子买了一个昂贵的发夹；妻子毅然剪下了一头秀发并卖掉，给丈夫买了一根精致的表链。在圣诞之夜，夫妻二人互赠这份多余的礼物。

这个故事让人心酸，但却可以让我们体味到一种患难夫妻相互关心体贴的真情厚意。

应该说，夫妻间这种相互的关心体贴，是保障家庭永远幸福，夫妻感情日日常新的一个基础。

真正说起来，这夫妻间的相互体贴，体现的是夫妻间在生活中的一种相互的心理调适。现实生活中，有不少人总在抱怨自己爱人的种种缺点，抱怨自己的家庭缺少应有的温暖。如果仔细分析一下，我们便可以发现，凡是有这样困惑的人，他们夫妻间十有八九是缺少那种相互体贴的感情基础。

由此可见，夫妻之间要想生活得更美好，感情更协调，首先应该做到的就是相互体贴。夫妻关系是人际关系中最需要相互融洽的一种，因为他们在生活上相互依赖的程度太深了。所以，夫妻之间，需要的是这样一种感情的寄托；任何一方，时刻在为对方的快乐而快乐，为对方的痛苦而痛苦。如果真正的达到这种程度，那么我们就可以说，这是达到了夫妻感情融洽的较高境界。

众所周知，一辆新车买来之后，需要磨合需要经常维修，以保持和延长其良好性能。为什么婚姻生活就不需要加以维护呢？当然需要！有专家建议每天、每周、每隔几个月或一年之中，做一些相应的事以保持婚姻生活的和谐。在列出的清单中不一定所有的细目都要做到，可根据你自己的爱好，每一项选用一两种，或者干脆由你自己想出一些办法来。

每天要做的：做一些虽然细小的琐事却可以使对方感到你的理解和关怀。

1. 再次上床：如果你总是早早起来，料理一些事情后对方才起床，可以在对方起床之前，再次进入被窝，和对方聊上一会儿，拥抱一会儿。

2. 帮对方做一件哪怕是很细小的事：例如在丈夫刮胡子以前，妻子去把镜子上的水蒸气擦掉；在妻子或丈夫起床之前几分钟，另一方先起来煮咖啡、热牛奶或者换好花瓶里的水。

3. 共用某种东西：例如，打开一瓶啤酒，两人共享，而不是各开一瓶；买一份报，两人传阅，而不是各买一份。

4. 拥抱：无论什么情况，回家一进门就互相拥抱，使家庭充满爱的气氛。

5. 让对方"对"，不要事事指责对方，都是对方的不是，有时要放他（她）一马，不要对对方的决定总是评头论足，这也不对，那也不好。

每周一次的：爱是需要时间的，至少每周要安排一次不少于两小时的交谈，以利于相互沟通。一起出去吃早饭或晚饭。重要的不是吃喝，而是有机会在一起消磨时光。

1. 定期约会：如"星期三晚上是咱俩的欢乐时光"，事先定好，不约别的人，不做别的事，一起去看电影或看戏，或去餐厅共进美味佳肴，或做两人都喜欢做的其他事。

2. 一起步行到某处：坐公共汽车，坐出租汽车可能都不够"隐私"，而自己开车，到得又太快，那不妨在步行距离的目标内，两人走着去，边走边交谈。

每月一次的：每月可以做一次不在常规范围内的事情。美国德克萨斯理工大学心理学教授苏珊·亨德里克博士说，"做一些与往昔不同的事，或用不同以往的方式去做某件事，可以使对方出现新的感受，使已存在的爱意重新迸发。"

1. 变换角色：假如总是他（她）洗碗，某个星期天你可以争着去洗碗；假如总是她（她）做晚饭，某一天你可以一显身手，去烹调一次晚餐。

　　每3个月一次的：任何人际关系中，都可能有摩擦存在。你一不小心，难免会把不满发泄到你的伴侣身上。事后你需要采取一些措施弥补，使双方关系好转如初。

　　1. 暂时别离：周末和你的朋友一起，而让你的伴侣去看兄弟。暂时不在一起，会使双方更加怀念。

　　2. 做一次交易：整个星期天下午，丈夫总是看足球，妻子很讨厌，电视机也被占用了。某个星期天妻子可以同意和丈夫一起看电视上的足球赛，前提是他给她美容按摩。

　　3. 筹划每个纪念日：让每个生日祝贺、周年纪念和假期都成为你们结为伴侣的庆贺，从而使爱情更深沉、更热烈。

　　4. 深谈一次，促使关系更加亲密：假如双方争论某件事长达一个月以上未能解决，不妨坐下来细细交谈。到底是什么原因使双方不能妥协，以便找出解决的办法。对一些重要的事情，如金钱、性生活、一方对另一方的责任等等。

婚姻是场合作，需要双方努力

如果你要判断你能不能和一个人结婚，有一个概念就是你能不能和他（她）长期生活在一起，面对实实在在的生活，也就是我们常说的："年轻的夫妻，老来的伴。"

婚姻是一场合作，需要双方相互配合、包容和体谅。

在德国的某一个城市，每一对准新人在去领结婚证前，都要先在一个广场上，合力用锯刀将一根木条锯断。两个人怎么样才能锯断木条，很简单，两人拿着锯刀，你进时，我退，我进，你退。

如果你要判断你能不能和一个人结婚，有一个概念就是你能不能和他（她）长期生活在一起，面对实实在在的生活，也就是我们常说的："年轻的夫妻，老来的伴。"而这种合作的关系能否是长期的、发展的、共荣的、可持续的，这和我们每一个人经营婚姻的理念、诚意、技巧是有很大关系的，也是休戚相关的。

爱情的确伟大而纯真，但爱情绝不是婚姻。爱可以是单方面的，可以是无偿的付出。可是，婚姻则不然，它是两个人的事情，婚姻其实就是一个和约，两个志同道合者的合作。

合作是市场经济中最为常见的一种经营方式，在婚姻中也是如此。合作之初，男女双方都必须对对方进行一番实地考察与了解，进行来回的协商，这就好比两个人初次见面之后，虽有好感，但一般来说都交往和了解一段时间，有了这个回合，才能往下走；企业合作者，在经过洽谈之后，就会签订一纸合同，恋爱者也一样，经过了解，认为相互之间谈得来，才要办理结婚证；一纸合同、一张结婚证，便对合作人（夫妻）都有了约束力；在合同付诸实施的过程中，双方都要按照合同规定的权利、义务行事，既不能越权，也不能失职，双方一定要诚信，才能合作得更加长久，夫妻双方也是如此，如果一方不守游戏规则，或过于斤斤计较，都可能导致婚姻失败。

婚姻是种经营，既是经营，它就是有目的的，是为了共同营造一个美好的生活氛围，走完一段无憾的人生。

基于以上观点，故而有以下几点认识。

1. 婚姻需要平等

所谓平等，就是婚姻综合投入的均等和平等的分享婚姻中一切。婚姻的投入，简单的说是经济、脑力和体力还有感情投入的综合。婚姻的分享主要指婚内财产（包括婚姻存续间所共同缔造的无形资产）和家庭的社会影响等。为什么要提出婚姻的平等？过去，婚姻讲究的是"门当户对"，现在的年轻人要的是"情投意合"，说到底，还是个地位的平等和情感付出的平等。就拿简单的经济合伙来说，合伙者一定是综合实力旗鼓相当，否则他们不会合作，要么就会造成利益分配的不公，最终导致合作的失败。婚姻作为"特殊"的合作经营，其道理也是一样的，如果婚姻中双方经济收入、知识、观念相差太悬殊，就会导致婚姻的破裂，强势一方随时都可能提出终止和约，另觅合作者。因此，没有平等的婚姻是不可靠、不稳定的。

2. 婚姻需要包容

当两个独立个体因婚姻而结合在一起，他们的行动就不再是随意的个人行为。因彼此生活经历、性格以及其他喜好的不近相同，婚姻中两个人需要不断的磨合，不断的适应，求同存异，进而产生共鸣。这个过程就需要不断的包容，包容一切可以容纳的，不拘小节，彼此尊重，形成合力，为共同的目标而努力。婚姻中有了包容，相处才会和谐，婚姻才得以延续。

3. 婚姻需要苦心经营

有了平等和包容还不是完美的婚姻，那只是说明了婚姻存在的可能性。要使婚姻更有活力，还要彼此用心经营。人们"投资"婚姻，要的就是一个美好的回报，而要做到这些，就必须辛苦劳作，相辅相持，不断学习，取长补短，在激烈的竞争中，携手为自己的家庭争得一席之地，让家庭的社会地位、经济地位不断攀升，不断实现婚姻的"增值"。有了苦心的经营，才可以享受婚姻的美好，体会人生的意义，只有这样的婚姻才算完美，才可以永恒。

爱情可以感性，婚姻需要理性

俗话说，相爱容易相处难。谈情说爱本就是很简单的事，但是婚姻却包括了方方面面，柴米油盐酱醋茶，还有两家相融后的人际关系，都是婚姻中必须面对的。在婚姻中难免会遇到各种各样的问题，这都需要双方保持理性，理智地对待，否则，夫妻关系难以维持。

在当今什么都讲"闪"的年代，离婚越来越容易了，婚姻变得没有保证。爱情可以感性，但婚姻却是一件需要理性、忍让和智慧的事情。

有这么一个令人哭笑不得却真实的故事。

有一对情侣分隔两地多年，经过努力终于克服了空间距离以及种种现实的障碍，走到一起结成夫妇，谁知道结婚才三个月又迅速离婚，成了陌路人。离婚的理由很简单，本来婚后两人为了遵循孝道回到男方所在的城市发展。谁知道一回家，男方的母亲就马上给新媳妇来了个下马威，摆出嫁入某家就是某家人，从此要服从家规等的架子，一度导致婆媳两人关系紧张，而丈夫夹在母亲和妻子中间，左右为难，不知如何是好，结果小夫妻俩又吵了一架。这种事在一般的家庭中也属常事，但女方是家中的独生女，自小在父母宠爱中长大的，遇到这样的事情自然是伤心不已，再加上在婆媳相处中无从适应，结婚第三个月，果断提出离婚，男方也疲惫不堪，一段婚姻就这样画上句号。

这样的真实事件，未免悲哀，究竟是婚姻欺骗了我们，还是我们污染了婚姻的神圣？

俗话说，相爱容易相处难。谈情说爱本就是很简单的事，但是婚姻却包括了方方面面，柴米油盐酱醋茶，还有两家相融后的人际关系，都是婚姻中必须面对的。恋爱的时候，男女之间带着激情，总是极力呈现美好的一面，也会最大限度地美化和包容对方，但一旦走入婚姻，双方都会觉得既然是夫妻了，就不必再作掩饰，可以坦然做自己，将彼此的本性、缺点慢慢地显露出来。于是，度过最初的新婚新鲜期后，夫妻双方就会进入磨合期，一些人能够安然地接受这个过程，并努力同心去度过这阶段，换来婚姻和爱情的稳固。反之，另一些对婚姻认知不当、心理承受力低的人在进入婚姻磨合阶段后，觉得婚姻和自己所期待的不一样，婚姻让爱情和心爱的人变了质，这让他们感到绝望，也进一步地促使婚姻走向解体。

在婚姻中难免会遇到各种各样的问题，这都需要双方保持理性，理智地对待，否则，夫妻关系难以维持。尤其是，除了夫妻之间的相处磨合。婚姻还要牵涉到与对方家庭成员的相处，婆媳关系自古是难题，更何况还有彼此家庭观念和价值观念的磨合。陌生的人总是需要时间去相互了解、相互学习爱对方，从中找出相处之道，这需要一个漫长的过程，也需要保持理性、拥有积极的态度，如果一遇挫折就轻易地放弃，那么这样的婚姻自然就是脆薄如纸。

能够理性地对待婚姻才有可能拥抱幸福。

有一段日子莉莉正处于婚姻的低谷，丈夫阳成天早出晚归，但事业却没有什么起色；而两人的感情像冲了三遍以上的茶般淡而无味，出差回来不再有礼物、拥抱、欣喜，而是老夫老妻似的平静……当时莉莉觉得像这样的婚姻完了。于是有一天莉莉提出了离婚。

当天晚上，莉莉执意与他分床而睡，谁都知道，离婚是一件异常复杂的事，它涉及着情感、财产还有习惯等许多因素。莉莉在盘点家里的财产时，往日的情景也依稀浮现。莉莉是北方人，他来自江南，两人漂到大连白手起家，现在人过三十，也挣下了一大一小两套房子，他们住的是大的三居室，小的那套已租给了别人，月收入600元；另外丈夫还有两个店面，约值30万元。莉莉在离婚协议上分得很清楚：房子、孩子归莉莉，门面给他，这样公平合理。

一个星期后，阳打电话到莉莉的办公室里："我同意签字了，下午出来吃饭吧，我们老地方见，我把协议书交给你。"阳的声音低沉伤感。放下电话后，莉莉回想起很多往事。自己喜欢海边的风景，是他放弃了自己正在上升的事业陪她来到大连重新开始；她梦想海边的房子，他贷款给她买了这套拉开窗帘就看到无垠海景的房子。

下班后，莉莉去了那家常去的海边西餐厅。"既然来了，就不急了，先点些什么吃吧。"也许是因为这是最后的晚餐，他看着莉莉微笑，招呼服务生来一份黑椒牛柳饭，一份蛤蜊汤。这两样都是莉莉的最爱。

莉莉默然坐着，直到阳突然对莉莉说："最后的晚餐，你为我点一份我爱吃的东西好么？""你爱吃的？"莉莉一下子被问住了，随后有点口吃地说："你爱吃的？你不是喜欢和我吃一样的么？"他笑了笑，说："你忘了，我是苏州人，我其实很喜欢有点甜的江南菜肴。"

阳提出房子、店面、家里的东西全都不要，他只带走自己的书和几套衣服，他打算回南方去。"以后你一个人过，还要带着孩子，会很辛苦的。"他紧皱眉头，抽出一支烟，顿了一顿。"所以我把东西都留给你。门面每年还可以租一些钱，要攒起来，不要乱花，以备不应之急。孩子上学，也需要很多的钱，到时候我再想办法。"

他眼里依然还有着对妻儿的那种不舍与牵挂，叮嘱她道："我也该走了，你知道么？每次你和父母姐妹团聚时我的心里都空落落的，我也很想念我的父母，他们毕竟都老了啊。"

莉莉被震撼了，原来，她从来都没有试图去了解这个男人，她含着泪紧紧抓住丈夫的大手"这些，你为什么不早说呢？"见他起身要走，顾不得自尊与骄傲了。"你，可以不走么？"

许多夫妻在离婚时反目成仇，为财产而大打出手，相互辱骂与诅咒，现在离婚越来越容易了，可正因为如此，懂得坚守婚姻才是一件多么需要理性、忍让和智慧的事情。

在婚姻生活中，任何经营得当的家庭都有一个基础：夫妻平等！但人们也常常进入一个误区，那就是要求夫妻双方绝对的公平，包括挣钱多少、家务分配、子女教育等，所有对家庭的付出都需旗鼓相当才行，但这样造成的结果反而是事与愿违，最后谁都不愿意更多的付出，从而不可避免地发生矛盾，使婚姻蒙上一层阴影。

在现实中，没有哪一个家庭能够真正做到绝对的平等。有一句话说的好，妻子是丈夫的一根肋骨，妻子要顺服丈夫，丈夫必须热爱妻子。这句简单的话，把全部的道理阐述明白。所以，在婚姻中的人要保持清醒的头脑，要知道男女本不同，因为相爱，所以组成家庭，所以从一开始就已经注定了不同的角色分工。对于女人来说，不管丈夫掌管多大的权力、财富，但女人想嫁的永远都是一个深爱自己的好男人！对于男人来说，女人也同样要明白，没有哪一个男人愿意把一个处处与自己顶牛的女人娶回家，女人的温柔才是男人永远的渴望。

婚姻中存在的问题，自古皆在，不要想着换个对象婚姻就会更顺利，爱情或许不同，但经营婚姻之道莫不大同小异。在婚姻中一定要保持理性，需要深刻懂得并且真正明白，男人的热爱绝不应该是无情的占有，女人的顺服也更不应该扭曲成为对公平的摧毁！

爱是两个人的，婚姻则是两个家庭的

　　许多年轻人以为婚姻就是两个人的事，等他们迈入婚姻
后才明白，爱情或许是你我之间的事情，婚姻的背后却是两
个家庭，包括他们的各种亲戚关系和社会关系。

　　有个社会学调查研究表明，没有人能够将自己的爱情超然于家庭
之外。在心理学上也有一个罗密欧与朱丽叶效应，即男女双方的婚姻
遭到了彼此家庭的极力反对，但家庭的压迫不但没有让他们分手，反
而让他们爱得更深，但是结局却是个悲剧，两个人最终皆殉情告终。
这个效应说明，没有家庭接纳和祝福的婚姻是很难走向幸福彼岸的。

　　很多事情，我们都把它想简单了，我们都是社会人，逃脱不了现
实的残酷性。现实终将会慢慢取代幻想，当幻想破灭之时，就会迎来
深深的痛苦。当然，并不是生活总是这么悲观，现实的残酷，在于你
如何去面对，婚姻需要双方的鼓励和坚持，才能够彼此突破现实的魔
爪，只是很多时候突破过程显得过于漫长而且沉闷，对未来的不确定
性和动摇性，让许多的人选择了放弃和离开。

　　婚姻生活太过现实，而现实是很难超脱的，因为超脱需要很多勇

气和毅力，单纯靠一个人坚贞不移是做不到的，因为对于未来的不确定性会让每个人从踌躇满志走向悲观犹豫，这个过程就好像一个孤独的斗士在独自奋斗和努力。

第一位游过卡塔利娜海峡的妇女——弗洛伦斯·查德威克以行动阐释了这个道理。

1952年7月4日早晨，这天的海水冰冷刺骨，大雾浓重，几米之外不可见物，她连旁边保护自己的船只都很难看见。在这样恶劣的条件下，她不得不忍受着冰冷的海水继续向前游去。她母亲和教练在离她不远的一条船上，不断地鼓励她，告诉她已经不太远了。可是，她所见的仍然只有大雾。他们敦促她不要放弃，她也从来没想过放弃，只是后来……当只剩下最后半英里时，她提出放弃。事后，她说："瞧，我并不是给自己找借口。可是，我要是能看见陆地的话，也许就已经成功了。"

对弗洛伦斯来说，挫败她的既不是疲劳也不是冰冷的海水，而是大雾，弥漫的大雾使她无法看到自己的目标，最终遗憾地放弃。没有结局和目标，让再坚韧的勇士也只能甘拜下风，何况很多处在婚姻十字路口的平凡人了。

就像一位有过两次婚姻经历的梁女士透露的那样："婚姻是场赌博，即使对丈夫充满信心，也难保不会和他的家庭发生矛盾。特别是在婚礼筹备阶段，更可以看出婚姻不只是两个人的事，而是两个家庭的重组和融合。"这位梁女士两次婚姻的起起落落，都直接与对方家庭的相交密不可分。

梁女士的第一次婚姻，因为双方家庭的矛盾只持续了三个月。当时，梁女士与相恋三年的男友谈婚论嫁。为了房子装修，梁女士和男友的家人闹得很不开心。因为买建材、家具、家电等，男方父母从来没和梁女士商量过。直到搬进新家时，他们才把钥匙交给梁女士。后来，在婚期上，两个家庭又再一次产生分歧。男方选定的日子在梁女士的父母看来，是个不利于女儿的日期。双方僵持不下，梁女士开始反思这桩婚事：这就是我想要的婚姻吗，两家人今后要在这样的争吵中度日？

为此，梁女士提出离婚。当时，虽然两个年轻人已经领结婚证三个月了，但还没办婚宴，在风俗上，是还没过门就离婚了。筹备婚礼对两人感情和双方家庭融合是个不大不小的考验，这一过程涉及到很多利益，也能看出双方家人相处的和谐程度。

离婚一个月后，梁女士遇到了现在的丈夫，当时他也是与前女友一家因婚期问题谈崩了。于是，两个有着同样伤口的人，在一起聊天时特别有共同语言。两人在认识七个月后，开始正式交往。本来，与男方家人见面，是梁女士心中最难跨越的坎，不过他家的气氛让梁女士很快就喜欢上了。互相见了父母后，第二年夏天，新房拿到手，双方父母也一起投入到装修中。

经历过以前那一段郁闷的家庭关系后，梁女士为能遇到这么开明的公婆庆幸不已，她说："两家人在一起装修房子的时候，虽然有些见解不一样，但相处得很好，我妈妈也经常夸奖公公婆婆能干，人好。"于是，从装修房子、拍照，到办婚宴，一切都在和谐气氛中进行，而三个月的装修，也让梁女士和公婆的距离变得更近了。

婚后，由于丈夫在外地工作，梁女士便一直与公婆同住。梁女士很幸福地说："他们就像宠爱女儿一样宠爱我。"到梁女士怀孕的时候，因新房装修不过半年，便回娘家安胎。刚离开公婆的时候她还很不习惯，对公婆产生了不舍，甚至还偷偷哭鼻子。更让梁女士意外的是，婆婆每隔一段时间就会给她家的人送生活费，说是"谢谢亲家母代她照顾媳妇"。

也是因为有与夫家人成功和失败的相处经历，所以梁女士感触特别深，她认为，"婚姻是两个家庭的事。结婚肯定免不了和对方家庭打交道。良好的家庭关系会让夫妻感情更牢固，而矛盾重重的关系，只会让原本感情很好的夫妻劳燕分飞。"

在我国古代，门户相当便是婚姻的首要条件。虽然这与爱情和婚姻没有必然关系，但不得不说，出身不能决定命运，但是性格可以决定命运。从教育学的角度讲，一个人的性格形成期是 3 岁以前，价值观和判断能力的形成是 10 岁以前。而性格与价值观的形成，最大的影响就是来自于家庭和家庭周围的社会背景，生活习惯就更毋庸置疑了。

许多婚姻中的悲剧，其形成不是因为爱情，而是平淡婚姻所必须面对的鸡毛蒜皮的琐事。不同的生活习惯和相差甚远的价值取向，是悲剧最深刻的根源。为了婚姻的融洽，双方都应该有所妥协。但是，妥协是有限度的。当这种妥协严重违背了自身的教养和价值观时，婚姻危机一触即发。其实，就生活习惯而言，无法妥协的例子也举不胜举。因为习惯和教养是日积月累的结果，婚姻前的短暂接触中，暂时的妥协或隐藏不是难事，难的是一辈子妥协和隐藏。所以，很多人抱怨另一半，婚前婚后判若两人，什么坏毛病都出来了，就是这个原因。

所以说，不要天真地以为婚姻就是两个人过日子这么简单，它还包括了两个家庭的相融相交，也是你与对方家人和你的另一半与你的家人之间的人际交往。

完美的婚姻，别人无缝可插

一个婚姻的稳定与否，并不取决于第三者，而取决于婚姻中的两位当事人。民间有一句谚语，叫"苍蝇不叮无缝的蛋"，如果婚姻本身没有裂痕，第三者再怎么费劲那只脚也无空可插。

婚姻就好比那只"蛋"，或许开始时的确是完美无缺的，别人无缝可插，但滴水都可以穿石，经过岁月风雨的侵蚀撞击，有缝就是必然的了，这除了外部的诱惑还有内部的荒废。况且，大多数的婚姻从开始就不是完美无缺的，那条缝是因为我们的忽略而视之不在，经过岁月风雨的侵蚀撞击，以及我们的忽略，缝自然越来越大，越来越多，越来越明显。

欣然和天然是由同学之情上升为爱情的，算是郎才女貌。校园里的那段时光，好不让人羡慕，形影不离，如胶似漆。毕业后，顺理成章的先成就了花好月圆。不久，天然顺利找到了对口的工作，做起了女白领。欣然似乎出师不利，很长一段日子都没有落实工作，给别人做跟班，气不顺脾气却大起来。虽然，天然并不在意老公比自己的收入低，但是欣然自己拗自己，不愿意落在老婆身后。于是，放弃原来的专业，自学法律成才，后又考了律师证，正儿八经地做起了律师。因为自己好学上进，很快成为律师所里金牌律师，不可小视，薪水自然也水涨船高，但是还是没办法超过老婆。因为，天然在公司里步步高升，很快坐上了"一人之下万人之上"的交椅，身份上去了，应酬也多起来，对家的责任便少了许多。特别是孩子出生之后，全权交予了公婆打理。夫妻两个离多聚少，感情自然淡了下来。

直到有一个面貌姣好、身材窈窕却一无所有的女子走进了欣然的生活，欣然把自己的离婚协议书递到了天然的面前，天然才意识到自己的忽略导致了婚姻失败，可是一切已经于事无补，出轨的心不再有任何的留恋，哪怕当初是何等的两情相悦。

有些男人之所以会选择条件差的女人，或许仅仅是因为好女人的忽视和威胁，他想得到的就是那一点点的温柔体贴而已，至于赚钱养家的重任就交给他负责好了，那是做男人的骄傲，也是一种虚荣心的满足吧。

但配偶就只能是一个，你选择了一棵树，就必须放弃整个森林，这是一夫一妻制的游戏规则，终身相守是你们爱的契约。激情是瞬间的烟火，夫妻之间更需要的是相处之道。说到相处，那日常生活中的种种琐碎是难以避免的，谁都不是不食人间烟火的神仙，谁都有各自的生活习惯，谁在心情不好的时候都有脾气，往往在最亲近的人面前，会更任性，矛盾和摩擦肯定会因此出现。

和配偶吵架了，闹意见了，郁闷、赌气、出去喝酒、甚至喝花酒发泄，甚至几天几夜地玩消失惩罚，等气过了，两个人冰释前嫌，和好如初，恩爱缠绵更甚从前，这样的夫妻谁能说他们不幸福，但他们没缝吗？如果在赌气的时候来了个别有用心的苍蝇，估计就给叮上了。

幸福美满只是一个相对的感性名词，很唯心的，它只存在于懂得感谢并满足现状的人心中。但贪婪同是人的本性，真正知足的人有几个呢？温柔贤惠的妻往往就不会是性感惹火的，忠实稳重的夫往往就不善于调情，残缺本来就是事物存在的本相，我相信所有婚姻幸福美满的人心中都会有着或多或少的遗憾。他们之所以可以相守到老，是因为他们的是非观明确，他们懂得自己所需，在种种诱惑当前懂得适时的取舍罢了。

如果能够及时发现婚姻的缝，并作出相应的维护补救，或许婚姻就不至于那么早、那么容易触礁、搁浅、直至解体了吧。

爱情玩的是心跳，婚姻扛的是责任

> 爱情的最终结果是婚姻。提到婚姻，自然不可避免地要说到责任，在婚姻里不但要有爱情，更多的是责任。

在男女双方热恋的时候，婚姻对他们来说是神圣美好的，这时候他们都对婚姻充满了无限美好的向往，以为婚姻就是用爱从此把两个人的心紧紧拴在一起。

爱情和婚姻的论题早在几千年前就被柏拉图和他的老师苏格拉底讨论过。

柏拉图曾经问过他的老师苏格拉底一个问题，"什么是爱情？"苏格拉底让他先到麦田里去，摘一棵全麦田里最大最金黄的麦穗来，机会只有一次，并且只能向前走，不可以回头。结果柏拉图空手而归，因为他一直相信前面会有更好的。苏格拉底说，"这就是爱情"。

为什么柏拉图最终会空手而归呢？因为他总以为前面还会有更好的。人们对待爱情总是很挑剔，认为没有最好的，却有更好的。如果你想得到最好的，那你的一生就会在聚与散中繁忙的度过，或是和柏拉图一样错失良机。

柏拉图又问他的老师，"什么是婚姻？"苏格拉底就叫他先到树林砍下一棵全树林最大最茂盛、最适合放在家做圣诞树的树。同样只能砍一次，只可以向前走，不能回头。这次，柏拉图带了一棵普普通通，不是很茂盛，亦不算太差的树回来。老师问起，他就说，"有了上一次经验，当我走到大半路程还两手空空时，看到这棵树也不太差，便砍下来，免得错过了后，最后又什么也带不出来。"苏格拉底说，"这就是婚姻！"

就像柏拉图的选择那样，也许最终与我们一起步入结婚殿堂的那个人并不是我们最想要的，爱情是婚姻的基础，但不是婚姻的全部。

某杂志社进行了一份关于"维护婚姻起决定作用的东西是什么"的调查，在接受调查的 4800 人中，90% 的人答是爱情。可是，法院民事庭提供的资料显示，在 4800 对协议离婚案中，真正因感情彻底破裂而离婚的占不到 10%，也就是说，真正维持婚姻的并不是爱情。

等他们走入婚姻的围城后才知道，经营一段婚姻，需要的不仅仅是爱，更多的是怎样用心来经营好自己的责任。

女人在挑选好男人的时候，总是习惯拿"责任"作为选择的标准之一，她们普遍认为男人就是家中的顶梁柱，就应该担负起家庭的责任，而且还必须扛得住。但是对婚姻而言，"责任"二字非常沉重，不扛、不认真扛，或是扛不动、硬扛都不是明智之选。

如果说，婚前的男女双方彼此满眼所看到的都是对方的优点；那么婚后，彼此就开始搜寻对方的缺点了。其实，一个被你爱上的人，身上一定有很多优点正是你欣赏的，这也是你选择他的原因，但是，他也是凡人，肯定会有缺点，难免会有疏忽，关键在于你如何看待它。

其实，我们完全没有必要刻意地去夸大婚后的责任，恋爱与婚姻的区别并没有我们想象中那样大，如果我们过于认真地去挑鸡蛋里的骨头，去紧张那些有可能成为隐患的习惯，这样做非但不能创造安全环境，反而会给男女双方增加不必要的压力。

婚前，男人总喜欢把责任挂在嘴边，因为这样会让身边的女人在享受甜蜜爱情的同时感觉到安全，也能顺理成章地让自己心怡的女人成为自己的妻子。而婚后，男人就不再把责任挂在嘴边成天说了，因为这时候他肩上的责任已经沉淀在心里最显著的位置。对男女双方来说，结婚，都意味着在享受爱情的实质性存在的同时，还必须共同承担更大的生活压力。

一旦走入了婚姻的殿堂，就意味着开始了另一个全新的生活。对所有夫妻来说，刚开始的婚姻生活都是和谐美满的，可随着纷涌而来的家庭琐事，曾经的美好和甜蜜也会随着时间的流逝而慢慢淡去。当婚姻生活中柴米油盐等日常生活的繁琐代替了恋爱的浪漫而富有诗意时，于是，有些人开始厌倦、反抗、逃避，甚至是重新选择。他们在失败中寻找借口，把失败的婚姻，都归结为是对方的错，甚至把自己的境遇归罪于"没缘分""遇人不淑""命运不好""命中注定"……

其实，婚姻就好比做一锅百物杂就的汤，责任是煲汤的火候。具体要什么时候用大火，什么时候用中火，什么时候用小火，用什么样的火候来煲婚姻这锅汤，全靠你来掌握了。这锅汤或深或浅，或浓或淡，具体是什么滋味看的就是你自己的手艺了。要想煲好婚姻这锅汤，必须要掌握好"责任"的火候，用适当的火候来调理好汤的浓度，需要有充分的时间、足够的耐心，再加一点智慧去熬制。

在婚姻生活里，每天都需要用"责任"的火候来煲婚姻这锅汤，同时，你还要及时发现婚姻口感上的不足，而火候的大小都会直接影响到婚姻的口感。有时候"责任"过了火，便成了生硬冰冷的强迫。其实，只要婚姻滋养得当，责任自会生根发芽，按照生活环境调整好自己的心理状态，这并不需要成为一件格外引人注意的事。更多地去关注婚姻的温湿度，及时地调整，反而会有更多的收获。夫妻双方只需要保持恋爱时的热情，就会给"责任"很大的生存空间，让责任变得不再那样冰冷无情、面目可憎。所以，在发挥婚姻的责任时也应当恰到好处。

没有谁的婚姻能够一帆风顺而不出现任何问题的，有时候婚姻也会生病，最关键的是怎样去发现和治疗。早发现，早治疗，同样是婚姻里的明智之举。其实生活中并不缺少快乐，缺少的是去发现，并把这些快乐永远留在记忆中的浪漫情怀。

同时，我们都要明白一个道理，幸福的婚姻并不是靠一方努力就能拥有的，任何美好的婚姻都需要夫妻双方的共同努力。经营婚姻需要爱情的滋润，所以，不要停止你的爱情脚步，不论你追求什么，责任永远是你身后连接幸福主机的传输线，要时刻记得，在婚姻中，你就是主角。

综上所述，经营婚姻是夫妻双方共同担负的责任，彼此需要，彼此依靠，只有为爱负责，担负起婚姻的责任，才能将一场美好的婚姻进行到底。

第九章

家庭是一盆需要精心操持的盆景

"幸福的家庭总是相似的。"这句名言是我们都耳熟能详的，在它的背后其实还藏着这样一个道理：家庭幸福是有规律的。只要你掌握了其中的规律，将家庭当成一盆需要精心操持的盆景，那么，想要营造一个幸福的家，并非难事。

幸福的家庭是要用心 "造" 出来的

　　有句话说得好：不幸的家庭各有各的不幸，幸福的家庭都是一样的。家庭里的每一个人，都需要把自己感受到的爱和内心的善意适当地表达出来，让其他成员了解他的爱心和善意，幸福家庭是要用心"造"出来的。

　　你要每天无时无刻提醒自己，爱是生活中的最高指导原则。

　　首先，是要学会如何与家人沟通或交流，如何心平气和地讨论问题而不致陷于破坏性的争吵之中，避免挑毛病、发牢骚和顶嘴。

　　在有些家庭里，可能某一个家庭成员患有严重的情绪困扰症，结果导致整个家庭不断地发生争吵、拌嘴，或者是冷漠、没有亲情。但不得不说，绝大多数的人，在对待自己的家人时，都是本着好意的。但是，他们又往往在愤怒之下控制不住，做出伤害对方的事情，甚至将自己发脾气的原因怪罪到对方头上，最后导致矛盾升级。

　　其实，大多数家庭不和睦、不快乐的主要原因很简单，只是由于家人没有把感受到的爱和所怀有的善意，恰当地表达出来。例如，有个女人明明很希望和她丈夫心平气和地讨论问题，却发现自己常在不知不觉中陷入恶性的争吵里。但是她其实只是想把问题提出来讨论，确实一点也不希望吵架，也不想伤她丈夫的心。又比如一个父亲，本来是想和他那十几岁的孩子，安静平和地讨论他用车的权利问题，却发现自己被卷入了一场舌战中，二人开始彼此指责对方的不是，说了很多尖酸的恶言。事后这位父亲回想起来，自己也不明白，怎么会演变成后来的争吵，他实在是无意和儿子吵到那种不可收拾的地步。

其次，与家人相处，爱心是任何时候都不能忘记的。家庭里的每一个人，需要把自己感受到的爱和内心的善意适当地表现出来，让家里其他人了解他的爱心和善意。

很多人总是借口工作忙，顾不上家庭，这实际上是缺乏对家人的爱心。有爱心的人会去学习如何与家人沟通或交流，如何讨论问题而不致陷入无休止的争吵之中，避免挑毛病，发牢骚和顶嘴。他们不会让自己喜爱的人受到寂寞和痛苦的，在工作最忙碌的时候也会打个电话，告诉家里和爱人。他们会尽量地"清洁"家庭里的情绪气氛，使家人之间能够恳切坦率、诚实地相处，并且互相关心，互相爱护。

第三，要确认一个事实，每个建立家庭的人都对家庭负有一定的责任和义务。

家庭中每个人都是有责任的，并不是说你在外挣钱了就对家庭有所交代了。有些人整天忙自己的事业，回到家就是吃完饭，嘴一抹，走人，这不仅是对妻子劳动的不尊重，也是对自己的不负责，实际上是逃避家庭的责任和义务，因为家庭不光需要你在外挣钱，还需要你贡献出爱心和温情。如果觉得只要你挣了钱就可以的话，那大可以到任何一个服务机构里得到你的衣食住行，你就不必建立家庭。

现代家庭更是要求民主。所以，你不要只想着你的事业，你还要兼顾你的家庭，你还要享受爱情的滋润，你还要享受天伦之乐。这样，你才是一个完整的人，你的生活才会有趣味、有色彩，你也才能真正享受生活的快乐。

因此，要经营一个幸福的家庭，就需要用心打造。我们需要每天提醒自己，爱是生活中的最高指导原则，当爱成为你的精神指标时，一些神奇的事就会发生了。如果你能够在生活中坚持这么做，那么你在家庭中的地位就是非常重要的，你的全家人都会在你的身边凝聚起来，你就成为家庭的主心骨，你也就能体会到家庭的幸福和快乐。

家是一个合唱团，谁都不能太张扬

一个家庭的幸福需要所有成员的真心付出和精心打磨，家庭成员的相处，好比是一个合唱团，三言两语，还是娓娓道来，就要看所有家人高低音配合演奏的本事了。

如果把家庭生活比喻为一支合唱团，那么，你和你的家人便是这支合唱团中的成员了，大家只有相互配合，才能演奏出动人的乐曲。

夫妻是家庭的基础，这里也以夫妻为主来述说。夫妻在外时，好比是一场合唱团的和声部分，和谐最重要，要是出现不和谐音，则会破坏整个表演。男人有男人的尊严，或多或少地喜欢在外人面前表现得自己是多么的驭妻有道，但切忌在朋友面前对妻子呼来唤去，摆大丈夫的派头，妻子不是奴仆，不能把她的温柔贤惠当做是软弱可欺。身为一个男人，你应表现出自己的修养和绅士风度，尤其在外人面前。同样的，女人也要有女人的矜持，很多女人都很善谈，可在高朋满座时，做过分了，就有傲慢之嫌，和别人侃侃而谈，把丈夫晾在一边，或是数落丈夫一堆不是，不给他一点面子，这样做带来的后果也是很严重的，虽然当时可能不明显，但却在他心里留下了一个疙瘩。正确的做法是，在外人面前不要削对方面子，应当得体地"捧"着对方，即使刚刚闹过矛盾，一旦客人来访，也要"化干戈为玉帛"，不要让夫妻间的合唱出现难听的杂音，不要把原本能轻易解决的事态扩大化。

而夫妻在家中的相处，则是合唱团中高低音的互补，相互间要补充对方的不足，使唱出的曲子表现得更加柔和。比如妻子喜欢清洁，她每天把房间收拾得井井有条，把卧室布置得温馨芬芳，把衣服洗得干干净净，这不仅仅是一种好习惯，更是寄托了她对丈夫的爱。如果丈夫不明白这些，总是很随意地破坏干净的环境和温馨的气氛，随便把脏衣服、臭袜子到处乱扔，这就是夫妻合唱中出现的杂音，但如果丈夫能明白这个道理，不说做到每次规规矩矩地把东西放好，毕竟每个人的生活习惯不一样，但至少要有这个意识，对妻子的劳动保持最起码的尊重，这也是爱她的一种表现。

同时，对妻子而言，如果丈夫有极强的事业心，就难免会对妻子有照顾不周的地方，既然你希望丈夫有所成就，就肯定会牺牲一些与你相处的时间，有得必有失，甘蔗哪有两头甜的？倘若丈夫是个安于"老婆孩子热炕头"的居家男，妻子也别怨丈夫没出息，这样除了让双方关系更紧张外，实在找不到什么好处。硬逼着一个平凡的人去做一些不平凡的事，也是不现实的。夫妻俩平平安安过一辈子也是一种幸福，令人叫绝称奇的完美婚姻毕竟极少，大部分夫妻都是平平常常地过日子。

在生活中，常常会有许多容易引起误会的片段，造成合唱中的不协调，但只要我们去认真聆听，用心附和，总能唱出我们自己的旋律的。如妻子精打细算，并非就是因为她小气，这恰恰表明她会过日子；丈夫在朋友面前出手大方，也并非就是为了充阔，而是他有着豪爽的性格，这是他在寻找着男人的感觉；妻子爱打扮，是因为她在乎自己的家庭和丈夫，不想在丈夫眼里失去自己的靓影；丈夫爱看球赛，是因为在他心中还澎湃着一腔热血，有热血的男人才会有热爱。假如为夫、为妻者都能仔细地倾听对方唱出的旋律，并在一旁轻声地和着，夫妻生活这首歌才会唱出精彩，让人回味。

谁都知道生活艰难，但是我们总是专注于自己的苦处，觉得自己辛苦，而不太在意家人的真正感受。比方说，你在外工作，你的伴侣留守家中，于是你的焦点总是集中在你有多辛苦，你理所当然地认为在家中是很清闲的，但却忽略了家中的那个人家务多繁重，孩子多顽皮等。又比如说，大人们总认为自己的问题很重要，却没有想到孩子也有他们自己的烦恼！或许你觉得他们的烦恼不过是无病呻吟，但对他们来说确实是很严重的问题，想逃也逃不了。

我们在日常生活中经常能听到有丈夫或妻子说这样的话："他（她）根本不了解我！"而孩子在向人谈论自己的父母时，这句话就更常见了。其实这个问题并不难解决，只要你肯将心比心，设身处地为家人想一想——不论是丈夫、妻子、孩子、父母或兄弟姊妹都一样，想想如果你是他们，你会怎么样？这么做之后，你就会了解许多人的生活并不像表面那样轻松自在！

要知道这世间并不是只有你一个人在受苦。与其只关注自己的悲哀与痛苦，不如多关怀体谅家人的苦处。只是要你多倾听，多付出你的关怀，这会使你的压力减轻，也会让你的家人感觉到温暖，因为真诚的关怀是抚慰人心的灵药，而家庭成员感受到来自最爱的人的关怀时，这种抚慰的效果就更卓著了。你会惊讶地发现这不仅使你与家人之间更亲密，而你也不致为小事而烦恼伤神了。

综上所述，在家庭中，每个家庭成员都有着举足轻重的地位，都是不可或缺的，家就是一个合唱团，需要彼此的配合和谦让，谁都不可太张扬。

温柔体贴的女人家庭生活最幸福

温柔是一种淡淡的味道，里面蕴涵着女性的温情与母性，这不用刻意去学习，当你能够以宽容之心，真心地对待他的时候，自然而然地就会对他流露出温柔之情。温柔是一种给予，是一种宽容。

对任何一个幸福的家庭来说，女人都扮演着非常重要的角色。她们可以说是家中的"太阳"，不但能够给家庭带来温暖，更使夫妻之间的感情升温。正因为妻子对于家庭有举足轻重的作用，所以人们才希望自己的妻子是温柔体贴的。

很多已婚女人都责怪丈夫，结婚后的他们不再像婚前那样对自己好，不再体贴老婆，不再关心老婆，还要整天担心丈夫背叛自己，被"狐狸精"迷走。其实，如果女人能够给他以温暖，温柔体贴地对待自己的丈夫，是可以避免这种情况发生的。

据说在希腊神话中，智慧女神雅典娜给了女人一种高级的智慧——温柔，这是一种足以让任何一个男人对女人一见钟情、忠贞不渝的魅力。温柔是女人最宝贵的品质，女人可以不漂亮但是不可以不温柔。

英国著名作家哈代曾经在自己的著作有过这样一段文字："在新西兰某个墓地上，有一个陈旧的墓碑上写着这样一行字，'她是如此温柔可爱'。"

当戴尔·卡耐基的妻子桃乐丝看到这段文字时，不禁发出了由衷的感慨："我实在想不出世界上还有什么比这碑文更能让我感动、让我发自内心地想要拥有这样一块碑文了。"

可以想象，这位刻下这段碑文的丈夫当时肯定是悲痛欲绝的，因为他失去了一个"如此温柔可爱"的妻子。他心中肯定会涌现出无数幸福的回忆。每天回家看到妻子温柔的笑容，一个很小的笑话都能让她开心好久，家里永远充满了温暖和爱意。

毫无疑问，每个女人都希望自己在男人心中的形象是温柔贤淑的，而同样的，每一个男人也都希望自己的妻子是个温柔可爱的女人。虽然很多男人看起来外表坚强，但是有时候也无比脆弱，但他们总是会在自己亲近的女人面前卸下自己的伪装，而这时候，女子的温柔会成为他们的精神寄托，她们用自己独有的温情去安慰、呵护他。

这里所说的温柔不仅是指外貌上的娇羞可人，更是一种体贴入微的呵护。这种体贴并不需要刻意表现，它往往体现在很多的生活细节当中。比如，你会做他喜欢吃的菜，把他喜欢看的杂志放在明显的地方，或是轻易地帮助他找到他忘记的东西，又或者在他工作忙碌的时候，为他递上一杯茶，在他出门的时候，为他整理一下衣服……这些细节都默默体现出你对他的爱，这一切要胜过千言万语。

温柔的女人也不会和丈夫斤斤计较，吹毛求疵，她信任和关爱着男人，不会要求他做得太完美，只要他尽力了就会轻易满足。

周宇和前妻离婚一年后又娶了一位太太，他的离婚令朋友们不解，因为二人郎才女貌，结婚 10 年了，还有两个活泼可爱的孩子，怎么说离就离了？

周宇讲述了发生在自己和前妻以及和现在妻子身上的事情。

有一天，周宇刚要下班的时候，前妻打来电话，让他回来的时候顺便买一瓶李锦记的酱油。于是周宇匆匆到超市买了一瓶酱油，谁知，妻子接过酱油后，大怒："不是让你买李锦记的酱油吗？这个牌子的酱油根本没法吃。你怎么这么粗心？"在前妻的咆哮下，周宇不得不再去买一瓶酱油回来。

类似这样的事情总是经常在家里发生，给周宇带来太多折磨和痛苦，终于让他不堪忍受，所以他最后毅然决定离婚。

而周宇现在的妻子只是一个平凡的小学教师，但她给了周宇想要的幸福。一天，妻子让周宇去买某个牌子的鸡精。当周宇回到家才想起来妻子是让自己买另外一个牌子的鸡精，于是他对妻子解释说："我好像买错了，回到家的时候才想起来你让我买别的牌子。要不我去换一下？"妻子摇摇头，温柔地一笑："没有关系，这个牌子的鸡精也不错。再说是老公买回来的，做出来的菜肯定很好吃。"

周宇心里一热，他坚信自己这次的选择没有错，如此体贴温柔的妻子才是自己想要的。

像周宇后娶的妻子这样温柔的女人是最令男人动心的，这种温柔体贴的女人也最容易带给男人幸福感。一般来说，女人的坏脾气经常会让男人无法忍受，在你坏脾气的发泄中，会将往日的感情渐渐削弱，即使你和他十分相爱，但是你的坏脾气也可能会将他推走，很多离婚都是因为性格不合引起的。可以说每个男人都痛恨河东狮吼。曾经就有一个男人愤愤地说："你说我是打不过她，还是骂不过她？"女人在发脾气折磨男人的同时最终也会害了自己。

综上所述，温柔可以表现出一个女人的修养，一个缺乏修养的女人是很难散发出那种让男人动心的温柔的，因此女人在平时要加强自身修养，尤其是要控制自己的坏脾气。对丈夫多一份宽容，多一丝柔情，你是可以成为一个温柔可人的妻子的。

第九章

家庭是一盆需要精心操持的盆景

做贤妻也要做"美"妻

当妻子魅力不再，韶华逐渐老去的时候，妻子们在婚姻中也就处于被动地位了。虽然男人也常说不在乎你的容貌，但你最好不要相信，反过来说，当你突然变得美丽的时候，他们会觉得这是一份惊喜。

人们常说，恋爱中的女人最美，而婚姻中的女人最憔悴。这是因为许多已婚的女人在照顾家庭，为生活所累的同时，已经忘了要仔细"打理"自己。

很多女人在结婚前也是十分时尚靓丽的，她们平时很注重打扮自己，总是把自己最好的形象展现出来。但奇怪的是，一旦走入婚姻，她们就开始变得懒散和漫不经心起来，经常是草草地洗几下脸，胡乱把头发一扎，随便穿上一件衣服就出门了。

大部分的已婚女人都有这样的想法：自己既然已经结婚生孩子了，就不需要费尽心思讨好丈夫的眼睛了。于是她们开始变得节约，不舍得购买化妆品和漂亮的衣服，也不再注意自己在丈夫面前的一言一行；加上结婚后，要承担生活的重担，面对沉重的生活压力，结果使自己在无情的岁月流逝中慢慢熬成"黄脸婆"。

有一位丈夫曾经说过："结婚前，她有一头漂亮的长发，可能是因为我的'长头发'的情结，那时候可真是美呀！那飘逸的长发，令我常常忍不住去抚摸亲吻。我觉得她都可以去拍洗发水的广告了。可是结婚后，她就将头发剪了，说是短头发更容易打理。虽然她留短头发也挺好看的，但是我还是喜欢她长头发的样子。"

还有一个男人说，自己喜欢化淡妆的女子，因为化妆能代表一种生活态度，是一种积极向上的精神面貌，化淡妆的女人是会注意自身形象的人，而这种懂得修饰自己的女人肯定是对生活拥有热情的人。可是他的妻子在婚后就很少化　妆了。

其实，女人婚前婚后形象的差异会对男人产生很大的影响。虽然常有男人口不对心地说"家有丑妻是个宝"，但实际上，他们并不会把"丑妻"当成宝来宠爱，"丑妻"对于他们来说只是意味着安全、可靠，但是对于女人自己来说是相当危险的。妻子为家庭作出的牺牲可能换来丈夫的尊重和爱，也可能换来丈夫的背叛。那些背叛妻子的丈夫们甚至用"黄脸婆""丑八怪""愚蠢的女人"来形容在家操劳的妻子。

香港贺岁喜剧电影《家有喜事》系列中吴君如曾扮演一个无人能及的贤惠妻子。她仿佛超人一般，伺候着家里的老老小小，光是一顿早餐就可以看出来，五个人五种早餐，小叔想吃火锅，她便可以马上去准备。

可是这位贤妻也因为生活的原因，以及自己的不在意，以致整日蓬头垢面，所穿的衣服都难看无比。一次，丈夫带她去高级餐厅吃饭，她却说这个贵那个贵，最后竟然将老公拉回家自己做饭吃。节省虽然无可厚非，但这样真是大煞风景。

最后她撞见了丈夫和情人幽会，两人最终离婚收场。受到打击的妻子，在愤怒之后终于觉醒，她决心转变。精心打扮后的她，艳丽四射，高贵优雅，尽显魅力，与丈夫再次见面的时候，丈夫也震惊于她的变化，因为往日的情分以及妻子的改变，丈夫觉悟之后开始反追。

走进婚姻的女人们，往往并没有注意到眼角的皱纹已经越来越多，也看不到自己鸟巢一般的头发，甚至不在意自己的衣服搭配得是否合适。另一方面，虽然妻子们停止了对美的追求，但是丈夫们却从来没有放弃寻求美丽的事物。这种矛盾导致许多丈夫最后的出轨，而且他们理直气壮地将责任归咎到了妻子的身上。

不得不说，女人确实也有着一部分的责任。当许多女人抱怨丈夫对自己关注不够的时候，当有的女人憎恨丈夫有外遇找到一个比自己年轻漂亮的情人的时候，冷静下来仔细地思考一下，自己难道就没有错吗，为什么自己从来没有注意到丈夫的眼光需求？

秀依已经 45 岁，她和丈夫结婚 20 年了，却依然十分恩爱。

由于丈夫下班比较晚，秀依一般是自己先吃一顿晚饭，然后等丈夫回来再陪他吃一顿。为了保持苗条的身材，她在晚饭后都要做运动，平时也会注意饮食，因此即便吃两顿晚餐，也仍然将身材保持得很好。

秀依在平时也会化妆，即使是周末在家休息的时候，也要简单地化一下。朋友说，这么老了，化妆给谁看？秀依笑了笑："当然是给老公看。自从上了年纪之后，我自己看着自己的脸都难受，更何况是老公？谁愿意看到一个黄脸婆？而且打扮得漂亮一些，我也会比较有信心。"

秀依平时和丈夫出去的时候非常注意自己的妆容，她总是以最好的面貌和状态出现在丈夫面前。丈夫看见她这么光彩照人、气质优雅，自然也是非常高兴，并且在外面也会感觉有面子。

朋友总说秀依这样太累了，但是她们又不得不承认秀依这样做是有着一定的道理。因为秀依和丈夫 20 年的婚姻一直是甜蜜恩爱的，羡煞旁人。

如果你已经是一个贤妻了，那么，就像秀依一样，再努力成为美妻吧，这样才能让男人宠爱你一生。

结婚前，即使素颜也可以吸引住男人，那是因为有年轻的资本，但是在结婚后，女人的容貌逐渐老去，美丽不再，如果再因为婚姻而疏于打扮，因为生孩子而让自己的身材走形，这样的形象怎么能够让丈夫继续宠爱你？因此，聪明的女人不仅要做一个"贤妻"，更要做一个"美妻"。

要成为一个"美妻"，当然少不了需要一些外在的东西来修饰自己，得体的服饰，适当的妆容，优雅的仪态都是应该注意的。世界上没有丑女人，只有懒女人，只要女人愿意多花一点点心思，就一定可以让自己的形象大为改观。

另外，要从容地面对繁杂的家务和工作，无论是在公司还是在家里，一定要多注意自己的仪表，你不必天天化妆，但是应该有一套适合自己的护肤品，懂得护肤；你可以不必天天逛街去淘新潮的服装，但是你一定要记得在适当的时候为自己添置衣服。同时，要经常参加锻炼，或是学学跳舞、练练瑜伽等，这些都对仪态的提升有帮助。

总的来说，女人一定要明白一个道理，在外貌以及气质修养等方面的投资，实际上也是对爱情的投资，也是婚姻生活的保鲜剂。不仅仅要做个贤妻，也要做个"美"妻。

让丈夫宠爱一生

　　每个女人都应该是美丽的，她们也都希望得到丈夫的宠爱。但是，自古以来许多"中国式妻子"费力不讨好地度过了一生。而不少聪明的娇妻明明不是贤妻良母的典范，也没有闭月羞花之容貌，也不一定对丈夫千依百顺，但她们却能不露声色地得到丈夫一辈子的宠爱。

　　没有一个女人不渴望丈夫一辈子的爱，也没有女人会不渴望自己的家庭永远和美幸福。可是美好的青春年华总会老去，比你年轻的女人总会出现，那么，妻子应该如何做，才能让丈夫宠爱一生呢？

　　除了前文所讲过的要温柔体贴外，这里主要讲两种，也就是女人所独有的特质，即撒娇和流泪。

　　爱撒娇的女人有很多，但是会撒娇的女人却很少。会撒娇的女人让丈夫开心，也让自己感受到幸福。

　　会撒娇的女人，大多是温柔体贴的。当丈夫劳累一天回家之后，如果妻子能马上依偎过来，拉住丈夫甜甜地说一句"老公辛苦了"，这样的撒娇攻势相信应该没有丈夫会拒绝。她们懂得欣赏自己的丈夫，会夸奖、认可丈夫的能力。这种撒娇，也证明了她爱这个男人，已婚女人需要把这种爱意传达给自己的丈夫。

当然，对丈夫撒娇要分清场合的，更多的是两个人私底下的情趣，而在公共场合，女人应该做一个大方高雅的妻子，如果在这个时候撒娇显然是不合时宜的。

撒娇听上去好像很简单，但却并不是一件谁都能做好的事情。女人们一定要会撒娇，如果撒得不好，会让人感觉做作，让丈夫反感，还有的女人将撒娇变成了撒野，反而让人望而却步。会撒娇的女人善于读懂别人表情、看懂别人心情，当丈夫心情欠佳的时候，千万不要去烦他。一个人在心情不好的时候，脾气会比较暴躁，女人如果在这种情形下不懂事地向丈夫撒娇，提出无理要求，会让丈夫更烦。如果女人认为丈夫敷衍自己，就和丈夫大闹，本应该是甜蜜的撒娇最后变成了不欢而散。

还有一点也要注意，撒娇要懂得放也要适时收。女人向丈夫撒娇无非是想告诉他自己是爱他的，也希望丈夫向自己表达爱意，如果丈夫回应了，那么你的撒娇应该适可而止。如果不懂得收手，将撒娇作为要挟，就会让丈夫认为你难以伺候，长期下去，男人对你的撒娇也会无动于衷。收放自如的撒娇才能收到最好的效果。

除了撒娇，女人也不要忘了哭泣。眼泪是女人的代名词是女人独特的表达方式，适时地流泪更能激起丈夫对你的怜爱。不管在什么时候，哪个年代，女人的眼泪都是征服男人最好的武器。女人会因为感动而掉眼泪，会因为委屈而流眼泪，会因为伤心而流眼泪，会因为自怜而流眼泪。梨花带雨，腮边相思泪，嘤嘤的低泣，都恨不得让男人叹一口气把她搂得更紧。

一对夫妻办完离婚手续后，妻子习惯性地问丈夫："不送送我？"

丈夫点点头，最后他们走进了曾经留给他们许多美好回忆的大学校园。他们两个是在上大学的时候认识的，相恋三年，毕业后结婚，没想到八年后再到这里来却是离婚后。

这里的许多地方都留下了他们的美好回忆，自习室、图书馆、宿舍楼下，都曾经有他们一起牵手走过的身影。那时，她曾经因为收到他送的玫瑰而开怀不已，也曾经因为他们拌嘴而狠狠地哭过。

想到那些或甜蜜或伤心的往事，她情不自禁地哭了。而身边的他则不断地从包里拿出纸巾递给她。

等她哭了很长时间终于平息下来后，她拿着纸巾看着已经是前夫的他，不解地问到："你怎么带了这么多纸巾？"

他笑了笑："我知道你会哭，所以就准备了。"然后，他又说，"很久没有看见你哭了，我还记得你以前很爱哭的，但是结婚后我就没有再看你哭过。"

妻子一想，是啊，每次他们吵架的时候，就只知道据理力争甚至有时候蛮不讲理，但是唯独忘记了哭泣。

对女人来说，眼泪是情感表达的一部分。如果这个妻子在动情的时候哭泣的话，也许丈夫就可以用手帮她擦干眼泪，她就可以看见他怜惜的心，可惜的是，每次她给他的只是倔犟的背影。也因此，原本非常相爱的两人最终错过。

女人的眼泪，并不是软弱的表现，而是女人向自己喜欢的人表达爱的一种方式。很多时候，女人的眼泪，可以维护家庭和谐，可以让吵架的两个人冷静下来。女人的眼泪会软化男人，男人看到女人的眼泪会心生怜惜，让他放下男人的臭架子。因此，女人的眼泪也是免战牌，女人的眼泪一出场，男人马上噤声。

不过，虽然眼泪是制服男人的法宝，但是也不能滥用。遇到一点小事就承受不住，总是哭哭啼啼，这会被丈夫认为是软弱，也有可能招致他的反感，他会对你的眼泪产生免疫力，你的眼泪也会失去应有的作用。你的泪水不能不分场合不分时间地流出来，在什么时候流泪，什么时候不流泪，什么时候号啕大哭，什么时候默默流泪，什么时候应该停止，应该持续多长时间，都是有技巧的，因为只有这样，你的眼泪才能达到理想效果。

要记住，女人的眼泪只有流对了，才能成为你制胜法宝。你发自内心的眼泪，会让丈夫感动。但如果你只是将眼泪当成一种手段，用来要挟丈夫，让他满足自己的要求，一次两次之后，他就会麻木，无动于衷。

以上两点是女人最有力的两大吸引男人的特质，除此之外，还有几点也是令妻子博得丈夫宠爱的秘诀：

1. 像情人那样做妻子

一个妻子，要让丈夫想念，让他迷恋，是需费点功夫的，要做到像情人一样柔情似水。但也别只顾温柔，他很乖的时候，一定要把你最近有的想法趁这个时候告诉他，或者最近有什么需要就要在此刻要求，这个时候他是不会拒绝的，适当地撒撒娇，告诉他你想吃冰激凌……不过你也不要忘了在他加班工作的时候去他的书房给他倒杯热茶，送去一碗面、一个荷包蛋，这样比你做多少家务都有效果，更能让他记住甚至感激。

而且，你一定要会做丈夫喜欢的某个菜式，如红烧肉等，也不需要你会做山珍海味，但是你一定要会做你丈夫喜欢的几道家常菜。这样，他出去的时候偶尔吃到这个菜可能就会说："这个还不如我老婆做的呢"，这时他就会想起你，就是你拿菜谱学习的样子，也会让他记得。

2. 有一颗永远的爱美之心

不管你长得丑或美，你都要以一个美丽女人的姿态陪伴在他身旁。不管你们已经结婚多少年了，也不论你老到什么程度，都要对着镜子穿衣打扮自己，而且懂得穿衣的法则，清楚他的穿衣风格，不要把自己当成"黄脸婆"，如果你这么看你自己，你的丈夫也会这样看你。另外，自己的睡衣、内衣更要讲究，因为外衣是给别人看的，而睡衣内衣可是专门给自己的丈夫看的。

3. 当丈夫唯一的私密助理

并非是说家里所有大大小小的衣服要你通通全包，别的衣服你可以让保姆或是什么人去洗，但丈夫的臭袜子却一定要你亲手洗，不管它多脏多臭。一定要保证他每天都换干净的袜子，坏了的袜子要及时处理，还要把他的每双皮鞋都擦得干干净净，保证他要穿的内衣有你处理过的香气。

4. 给他一个爱你的理由

给丈夫一个深爱你的理由，让自己像一块磁铁一样吸引住他。你要有一样"品牌"出众，让你的丈夫永远迷恋你。就像调侃短信说的那样：你要么长得美，你要是长得不美，就得有气质，若没气质，就得有才华，若是没才华，怎么也得性格好，若性格不好，那就得善良……你总要有一样特别让你丈夫着迷的特质才行。

综上所述，女人要善用自己的特质和优势，运用女性的智慧，让丈夫宠爱你一生。

对孩子来讲，好父母胜过好老师

清代学者颜言也说过："数子十过，不如奖子一长。"好孩子是夸出来的，如果父母能多拿出一些宽容和爱心，多找找孩子们的闪光点，那么他们一定能自信地走上人生之路。

世上没有不爱孩子的父母这是一切动物的天性，何况孩子的活泼可爱，以及养育孩子所体会到的天伦之乐，确能给为人父母者带来许多快慰与满足。但爱是一回事，爱的方式又是一回事。对孩子来讲，好父母胜过好老师。

现在的很多父母通常都只有一个子女，因此，他们对孩子的爱是放纵的，盲目的，而且是近乎愚昧的。以溺爱娇宠，把孩子惯得要么软弱无能，要么无法无天。以至于孩子在受到挫折的时候，往往不知所措。

有时，父母因望子成龙的心太切，又会造成管教过严、要求过高的弊端。有的父母既要让孩子去学画画，又要学弹琴，扼杀了孩子的天性，这样反而适得其反。这一切似乎都是源于对孩子的深深的爱，可惜爱错了方式。

事实上，每个孩子都有缺点，也肯定有优点。如何找到他们的长处，发挥他们的特长，培养他们的学习兴趣，是每一个父母都需要面临的问题。美国心理学家贝克有这样一句名言："人一旦被贴上某种标签，就会按照标签所标定的去塑造自己。"父母如果能够扮演好自己在孩子面前的角色，那么必定能胜过好老师。很多时候，你给孩子贴下了什么标签，他就会按那个标签去要求自己，并最终达到那个成就。

一次，妈妈让小男孩和他的姐姐比赛，看谁能先辨认出花园里花的种类。小男孩每次都能最先说出来，并十分准确，妈妈便每次都会吻他一下。对小男孩来说，这是一件让他非常兴奋和自豪的奖赏。

在妈妈的支持和鼓励下，小男孩越来越醉心于他这个与众不同的兴趣。有人认为妈妈太过纵容这个孩子，一定会对他的未来产生不良影响。然而，正是妈妈的这种"纵容"决定了儿子未来的前程。

这个小男孩长大后成为了举世闻名的生物学家，他就是著有《进化论》的查理·罗伯特·达尔文。

达尔文的妈妈正是因为正确的引导，才培育出了一个影响人类进化史进程的巨人，由此可见父母正确的引导对孩子所能产生的影响，很多时候足以改变孩子的一生。

幼儿园的老师对第一次参加家长会的妈妈说："你的儿子有多动症，在板凳上连三分钟都坐不了，你最好带他到医院去看一看。"全班 30 位小朋友，老师认为他表现最差；唯有对他，老师表现出不屑。

回家的路上，儿子问起老师都说了些什么？她鼻子一酸，差点流下泪来，但她还是对儿子说："老师表扬了你，说宝宝原来在凳子上连一分钟也坐不了，现在能坐三分钟了。其他家长都非常羡慕妈妈，因为全班只有宝宝进步了。"那天晚上，儿子破天荒地吃了两碗米饭，并且没有让她喂。

后来，儿子上了小学。家长会上，老师对她说："这次数学考试，全班 50 名同学，你儿子排第 49 名，我们怀疑他智商有问题。"她虽然有些难过，但回家后，却对坐在桌前的儿子说："老师说了，你并不是个笨孩子，只要能细心些，会超过你的同桌，这次你的同桌可是21名，你要加油了哦。"

说这话时，她发现，儿子暗淡的眼神好像在发光，那沮丧的脸一下子舒展开来。第二天上学时，他起得比平时要早。

初中的一次家长会。她意外地没有在差生的行列中听到儿子的名字，临别去问老师，老师告诉她："按你儿子现在的成绩，考重点高中有点危险。"她怀着惊喜的心情走出校门，对在等她的儿子说："班主任对你非常满意，他说了，只要你努力，很有希望考上重点高中。"

高中毕业了。第一批大学录取的名单正式出来，学校打电话让她儿子到学校去一趟。她的心情是激动的，儿子从学校回来，把一张清华大学的录取通知书交到她的手里，突然转过身躲进自己的房间里大哭起来。边哭边说："妈妈，我一直都知道我不是个聪明的孩子，是您……"

故事中的妈妈是非常了不起的，她用拳拳爱心和殷切的希望陪伴儿子长大，验证了在孩子成长过程中父母所能发挥的作用甚至是要超过老师的。在平时的生活中，我们也到处可见到在父母老师的呵护下，"淘气包"变成成功者，"丑小鸭"变成"美丽天鹅"的事例。同样，也少不了那种因一句贬低的申斥，一顿不分青红皂白的责骂，就把孩子推到犯罪的泥潭的情况。

父母对孩子的爱永远是伟大的，但爱的内容和结果却是千差万别的。做一个成功的家长很难，主要是难在要爱得理智。真正对孩子负责的家长，未必是总把孩子拴在自己身上的，但他们却给了孩子最宝贵的东西，那就是以自己的人格、自己的奋斗、自己的幸福，在深层次上给孩子以指导、关怀与爱抚，深深地影响和帮助着孩子的成长，同时履行着父母的责任。

1. 每天要抽出一些时间和孩子相处

仔细倾听孩子倾诉他们当天遇到的事儿，并诚恳地回答孩子的问题，而不是表面的应付或空洞的回答。从父母的每日言行中，能使小孩感受到你对他们的重视。

2. 设身处地地接纳和同情孩子

很多时候父母都会坚持己见不顾孩子的感受。如你正忙得不可开交地准备晚餐，孩子这时跑过来说"我好饿啊"！你若不理或加以斥责，在小孩幼小的心灵就会受到伤害，在你看来是一些芝麻大的事在他眼中可能是天大的事，会令他非常苦恼，这时，他最需要的是安慰。如若你对他的感受持否定的态度，怎能让他树立起自信？

3. 多称赞孩子少责骂

事实上，孩子都喜欢被自己在意的人的肯定，你对他几句短短的表扬话，都会让他雀跃不已。对小孩的错误，要多加诱导，给他说明道理，不要一味粗暴地打骂。要坚持以表扬为主，正面引导、教育为主。

4. 与孩子一道设定一个坚定合理的规矩或计划

规矩确定后，要身体力行。告诉孩子实行家规是为了他安全和爱他，使他感觉更有信心和安全感。

5. 让孩子分担家务

如若只是把孩子伺候得饭来张口、衣来伸手，会造成孩子无能、依赖。不论是帮忙做饭、照顾弟妹，还是清洗碗筷、扫地，让他们干一些力所能及的活儿，让他们在贡献己力中体会到自己在这个家庭中的重要性。

6. 与孩子一起做，而非事必躬亲

许多中国的父母都认为提供孩子最好的物质享受，就算是尽到了养育职责。但实际上，多数孩子宁可父母多陪他们而不是买礼物就了事了。对孩子来说，父母多与孩子一起参与一些活动是给孩子关注的最有效方法。

7. 承认自己也会犯错误

母亲坦白承认自己的失误，就会帮助孩子正视自己的缺点、改正错误。

总的来说，父母的言行举止无时无刻不在影响着孩子，所以要以身作则，给孩子多一些关怀，帮助他们形成正确的态度及观点，对孩子来说，好父母要胜过好老师。

家庭是一盆需要精心操持的盆景

家庭暴力永远解决不了问题

　　家庭暴力的危害是非常严重的。它不仅破坏了家庭的安宁，侵犯了家庭成员的人身权利，而且损害了社会的法治和安全。

　　当今社会，在各种新闻媒体上经常有关于家庭暴力的报道：丈夫打老婆、妻子杀老公、继父虐待幼女、儿子残害父母、亲兄弟同室操戈……真是触目惊心，令人不忍耳闻。在紧张的社会生活中，家庭本应是港湾，是复杂的人际关系中最后的一片净土，却成了水深火热的受难所、你死我活的角斗场。

　　也许有人说，丈夫打老婆、老子打儿子，是天经地义的。那么被打的人身心受到伤害也是理所应当的吗？在各种家庭暴力案件中，雄居首位的毫无疑问是"打老婆"，书面语叫"殴妻"。在这个以男性为主宰的社会中，"打老婆"具有普遍性。以至于很多相声小品之类的文学作品把"怕老婆"作为讥笑的对象，就能博得观众的笑声和掌声，从反面说明了"打老婆"思想的根深蒂固。

　　诚然，"打老婆"并不是什么"中国特色"，外国也有，即使是在特别崇尚"自由平等"的美国，歧视妇女和殴打老婆的现象亦屡见不鲜。据说，美国早期移民和西部开拓者的"传统性格"之一就是"殴妻"。甚至到了 19 世纪后期，美国一些州的法律还视"殴妻"为合法行为。直至 20 世纪 70 年代以来，美国掀起了一系列反对家庭暴力和"殴妻"行为的运动才有所缓解。但是时至今日，在美国社会中，认为丈夫有权"殴妻"的男人仍不少见。

在当今世界上，家庭暴力确实是一种较为常见的社会现象，也是一种很容易被人们忽视的社会现象。然而，家庭暴力的危害是非常严重的。它不仅破坏了家庭的安宁，侵犯了家庭成员的人身权利，而且损害了社会的法治和安全。如果得不到及时的遏制和化解，一般的家庭暴力事件还会升级为杀人等严重犯罪案件。不仅施暴者有可能杀害被施暴者，一些家庭暴力的受害人在忍无可忍的情况下也可能转化为激情杀人者或大义灭亲者。根据我国某个城市的统计，此类"杀亲"案件竟然占该市近年发生的杀人案件总数的 38.5%！这些案件留给社会和人们的不仅仅是震惊和遗憾，还有痛苦的思考。

诚然，家庭暴力的原因是多方面的。除了夫权思想、父权思想、重男轻女思想等陈腐观念的影响之外，家庭成员长期生活在一起，难免会产生一些琐碎的矛盾和冲突，甚至出现一些实质性的纠纷，如财产纠纷和住房纠纷等。如果这些矛盾和纠纷处理不当，就很可能转化或升级为家庭暴力。另外，人们在社会生活中的境遇和状态也会影响家庭生活。例如，有的人在社会上不得志或者在工作中遭受了挫折，回到家中便无端找茬发泄或横行霸道，企图用这种方式找回他们在外面无法得到的尊严和权威感，实现心理的平衡。当然，家庭暴力与家庭成员的受教育程度和所从事的职业之间也有一定的联系。

有人习惯把家庭暴力归咎于某个家庭成员的脾气不好，而且认为这脾气都是"从娘胎里带来"的。其实，脾气的形成既有先天的因素也有后天的因素。从某种意义上讲，人的"坏脾气"都是周围的人给"惯出来"的。在家庭中，人们的行为习惯具有互制互动性，因此一个成员的脾气往往正是其他成员脾气的"影子"。借用一句俗话，在每一个性格暴戾的男人后面都有一个软弱可欺的女人；在许多"妻管严"的丈夫后面都有一个骄横跋扈的悍妇；在那些不讲道理的父母（或子女）后面，往往也都有"太讲道理"的子女（或父母）。

人的行为是需要约束的，在社会中如此，在家庭中亦然。其实，许多在家中蛮不讲理的父亲和丈夫在外面也挺有绅士风度；许多在家中胡搅蛮缠的母亲和妻子对外人也知道彬彬有礼。为什么他们或她们的行为如此"内外有别"呢？主要原因就在于他们或她们认为在家庭这个环境中没有必要约束自己的行为，或者可以不约束自己的行为。按照对每个人类行为规律来说，没有约束的行为往往都是自私的和丑陋的，而且人们内心的潜意识一般也都自然地倾向于不去约束自己的行为，因为约束自己的行为就要付出努力，就比较辛苦，终不如随心所欲来得轻松愉快。由此可见，家庭成员长期生活在一起，既要互相磨合与适应，也要互相约束和影响，以便共同建造美好的家庭生活环境和氛围。

家庭是社会的基层组织，家庭暴力不应成为被社会发展与进步遗忘的角落。那么，我们应该如何防范和遏制家庭暴力呢？

一方面，每个家庭成员都应该在生活中随时调整自己的心态，每个家庭成员都有义务及时化解矛盾，防止矛盾激化，防止冲突升级。另一方面，社会也应该发挥更为积极、更加有效的防范作用。例如，居委会、派出所以及各种社会团体要积极发挥化解家庭矛盾和调解家庭纠纷的作用；社会也应该提供各种心理卫生保健与心理咨询服务。此外，我们对那些家庭暴力的实施者不能仅停留在道德教育的层面，还要运用法律的措施和手段。虽然我们已经有了《妇女儿童权益保护法》，但是这还不够，我们的立法机关应该尽快制定出更为具体、更有可操作性的遏止家庭暴力的法律法规，我们的执法者和司法者也不能总以"清官难断家务事"为借口袖手旁观，或者只知去"和稀泥"

和"补窟窿"，而应该在防范家庭暴力方面发挥更为积极主动的作用。

综上所述，家庭暴力解决不了家庭矛盾和问题，所以要营造一个幸福家庭一定要杜绝暴力。

唠叨是影响家庭幸福的最大隐患

"唠叨"的堆积犹如"毒素"在家庭中蔓延，久而久之就会伤及夫妻之间的感情，使一个幸福的家庭出现不和谐的音符。

卡耐基曾经说过："在地狱中，魔鬼为了破坏爱情而发明的总能成功的恶毒办法中，抱怨和唠叨是最厉害的了。它……总是具有破坏性……置人于死命。"因此，在家庭生活中，切不可忽视"唠叨"这个因素。因为"唠叨"是影响家庭幸福最大的隐患。

夫妻两人从陌路人到知心爱人，是一种缘分。正如有句话说的那样："百年修得同船渡，千年修得共枕眠"。夫妻二人从洞房花烛那天起，就走进了一个新的家庭，开始了酸甜苦辣的家庭生活。生活是实实在在的"柴米油盐酱醋茶，缝补浆洗和牵挂"，哪一样都需要两人投入情感和汗水去经营。而在这漫长的生活中，夫妻之间难免会因为一些家庭琐事而拌嘴甚至吵架，究其导火索，无外乎是一些"鸡毛蒜皮的小事"，但就是这些鸡毛蒜皮的小事，容易滋生出无限的"唠叨"。这种"唠叨"的堆积犹如"毒素"在家庭中蔓延，久而久之就会伤及夫妻之间的感情，使一个幸福的家庭出现不和谐的音符。

托尔斯泰伯爵夫人在逝世之前，终于认识到了这一点，她向几个女儿们承认：是我害死了你们的父亲。正是她不断的埋怨、永远没完的批评、抱怨和唠叨，间接地导致了一代文坛大匠的死亡。

托尔斯泰一生成就斐然，撰写了《战争与和平》和《安娜·卡列尼娜》两本巨著，奠定了他在世界文学史上的地位。从各方面来说，托尔斯泰伯爵和夫人应该是幸福的一对。但实际上，托尔斯泰的一生又是一场悲剧，其原因就在于他的婚姻。他的夫人喜爱华丽，但他却对此非常不屑；她热爱名声和社会赞誉，但他却最不喜这些虚浮的事情；她渴望金钱财富，但他却毫不在乎。由于他一直以来坚持把著作的版权一分不要地送给别人，他的妻子想要拿回那些书所能赚到的钱，就一直唠叨着、责骂着、哭闹着。当他不理会她的时候，她就歇斯底里起来，在地上打滚，手上拿着一瓶鸦片，发誓要自杀，或者威胁说要跳井。

当托尔斯泰82岁时，他再也不能忍受这种悲惨的情形了，于是在一个下着大雪的夜里，逃离了他的夫人，那个令他绝望的家。11天以后，他因肺炎死在一个火车站里。他临死前的要求是：不许他的妻子来到他的身边。

这就是托尔斯泰伯爵夫人唠叨所得到的恶果。男人最忍受不了的就是女人的唠叨。对于女人的唠叨，如果男人知道错了，你的提醒会让他有一点羞愧，你再多说，会让他们恼羞成怒。女人唠叨时尽管有理由，但结果往往是"唠叨"本身破坏了女人一切的合理性，女人由此而处于被动甚至更糟糕的境地。

著名的心理学家特曼博士曾对1500对夫妇作过一次详细调查，结果表明，在丈夫眼中，唠叨、挑剔是妻子最大的缺点。另外，盖洛普民意测验和詹森性情分析这两个著名的研究机构经过调查表示，任何一种个性都不会像唠叨、挑剔给家庭生活带来巨大的伤害。

纽约的《世界电信》杂志曾刊登了一件令人震惊的杀人案，一个五十多岁的卡车技工，雇用了三名流氓残忍地杀害了自己的妻子。而他犯罪的原因，仅仅是因为他的妻子一直不停地唠叨和抱怨。

由此可见，唠叨对家庭生活带来的不利影响。夫妻在一起共同生活，几乎没有不吵架的，但是一般的人，只要心理健康，就不会因为争执而产生感情上的裂缝。如果一个男性，每天回家后面对的是毫无休止的、长时间的唠叨，那么不管他做出的事业多伟大，最后一定会从巅峰上滑下来。毫无疑问，唠叨会拖垮任何进取心。

有一个小伙子小陈，从他结婚开始，他的妻子就不断地取笑他的工作，轻视他做的每一件事情，几乎毁掉了他的事业。最初他是一个推销员，每天充满热情的工作，他对未来充满了希望，因为他对自己的产品很有信心。当他每天疲惫地回到家里，希望妻子会给他一点鼓励，但等待他的却是一番冷嘲恶讽："今天的业绩怎么样，有没有带回佣金呀，是不是又带回来经理的一顿训话呢？我想你应该知道马上就要付房租了。"

在妻子的不断嘲笑中，小陈还是努力奋斗着，终于升为一家著名公司的执行副总裁了。至于他的妻子，在他不能继续忍受下去时就和她离婚了，重新娶了一个能够给他爱心和支持的年轻女孩。

但他的第一位妻子并不明白丈夫离开她的原因，她只是一味地跟朋友们诉苦："我为他省吃俭用，做牛做马辛苦了这么多年，当他有了钱以后，就去找更年轻的女性。男人都是没良心的坏东西！"

如果有人告诉她，导致她丈夫离开她的原因是她自己的唠叨、挑剔，她一定不信。但这的的确确是真的。如果一直用一种轻蔑的方式去挑剔男性，无疑是对他们自尊心的极大打击和折磨，摧毁了他们自认为有能力成功的自信心。

唠叨不仅仅在夫妻之间出现的频率较多，在孩子教育问题上也是如此。如果让"唠叨"成为家庭主旋律的话，这种唠叨的蔓延就会殃及孩子，让孩子深受其害，甚至影响他的人格发展。

孩子上小学三年级了，按理说他该懂事了。可事实是，他越来越不听话了。你说东，他偏要西，就算你说破了嘴也不管用，这到底是为什么？其实，孩子已经有了很好的理解能力，对很多问题，只需要你说一遍，他就已经明白了，你再说第二遍、第三遍，甚至为发泄自己的情绪翻来覆去地唠叨，孩子当然会产生"非暴力不合作"倾向。其实，不是孩子不听话，而是我们的话说的太多了。对孩子总是指责得多，批评得多，抱怨得多，有时甚至讽刺挖苦，孩子当然不爱听，甚至会感到厌烦、反感。

可以说，唠叨是一种破坏性的疾病，了解它所带来的巨大痛苦，是否你会诚心诚意地想要改正，想知道补救的办法？那么，以下的六个建议应该会对你有帮助：

1. 让大家监督

请你身边的人帮忙监督，当你无法控制自己，开始针对某一问题的细节喋喋不休时，请他们马上帮你指出来，并罚款五块钱。

2. 不要重复讲话

如果你的丈夫答应你会去洗碗，但你提醒六七次以后他仍然没有反应，那就说明他不想去洗，你又何必浪费口舌呢？唠叨的结果只会让他厌烦而已。

3. 用温和方式达到目的

你可以换个方式提出你的要求，如"亲爱的，如果你乖乖地去洗车，晚饭时就会有你最喜爱的菜。"所有类似的方法，都会让你的目的更容易实现。

4. 培养你的幽默感

常常因为芝麻小事而不高兴的人，情绪也会很难控制。有的妻子就连催促丈夫到浴室去拿浴巾也要发顿脾气。幽默感会使你的心情保持良好，但是很多人却不明白这个道理，常常因为一些不值一提的事紧绷着脸，使热爱变成痛恨。

5. 冷静对待不愉快事件

如果发生了某些让你很不愉快的事情，在气头上时尽量不要立即发表意见，将它们记在纸条上。等到你和对方都冷静下来，再把它们拿出来讨论。你会发现，其实很多事情都是微不足道的小事。

6. 不唠叨就达到目的

掌握人际关系的艺术。有一首歌是这样唱的：一把枪套不住男人，用唠叨就更不行，那样只会让他的精神崩溃，你的幸福愈来愈远。如果你想让他们去做你想要的事，应该使用激励，而不是驱使的方法。

综上所述，唠叨给家庭带来的危害超乎我们的想象，可以说是影响家庭幸福的最大隐患，所以我们要学习某些技巧，避免让这个坏习惯破坏我们的幸福生活。

相互包容是化解家庭危机的上上策

人的一生中，相伴最久的莫过于夫妻，但磕绊最多的也是夫妻。每个人的性格各有不同，两个人生活在一起，必定不可能做到完全一致，两个人，两条心，只是尽可能人为地缩小距离而已。这就需要相互的包容与退让了。

没有血缘关系的两个人，有缘才能结为夫妻，组建家庭。常言道："勺子没有碰不着锅沿的"，夫妻过日子难免有什么磕磕碰碰，这就会产生摩擦和矛盾，这时候，包容就成了化解家庭危机的润滑剂。

在现实生活中，许多夫妻一旦有了摩擦和矛盾，两个人都相互较劲、互不相让，越吵越凶，直到最后谁也不理谁，这样一直冷战，僵到最后，使两个人都受到伤害，感情也越来越淡，最终的结果也是可想而知。

有对这样的夫妻，妻子很强势，说起话来咄咄逼人，丈夫是个非常挑剔的人，回到家里，总是说这也不好那也不好，于是夫妻间的矛盾越积越深。

丈夫在工作上遇到困扰，感觉到了压力，于是打电话向妻子倾诉，可是妻子并不愿意听，她说："我要带孩子还要工作，忙都忙死了，你有压力，我感觉我的压力比你还要大，所以我不愿意听，觉得很烦！"

丈夫没有得到妻子理解和安慰，此后，有什么心事和难事也不愿意再跟妻子沟通和诉说了。甚至家里发生的事，他都漠不关心，他们之间没有了包容，遇到什么事就彼此较劲，互不相让，得理不饶人，除了吵还是吵，要不就是互不理睬。这样争过吵过闹过到互不理睬之后，他们觉得这个婚姻再存在下去很没意思，就离了。

争吵在家庭中是很常见的，矛盾发生了，两个人都在忙着讲各自的理，在讲理中埋怨着、推托着、争吵着、责骂着、控诉着，却不能包容一下对方，以至于最后只有离婚收场。

而有些夫妻则不同，当两人有摩擦和矛盾时，如果一方争吵得很凶，或是很生气，另一方便偃旗息鼓，等他（她）不再吵了，再慢慢与他（她）讲道理，即使对方有许多缺点，他（她）也会去包容，直到矛盾得到缓和为止。

一次过节，家里饭桌上的菜比往常要丰富得多，可妻子却是无精打采的。不一会，妻子似乎漫不经心地问："上上个星期天你跟谁在一起逛街呢？"丈夫很随意地回答："逛街？没跟谁逛街呀！"连头也没从饭碗上抬起。妻子不依不饶地继续问："没跟谁？那个在东大街和你一块走的女的是谁？"丈夫听到妻子的声音有点严肃，便不得不认真起来，抬起头望向妻子："东大街？上上个星期天？呵呵，我也记不清了。那天好像是到过东大街，可好像没和哪个女的走一路呀？"

妻子的脸逐渐转阴："再想想，是不是半路碰见哪个女的了？"

"没有呀！……"丈夫迷惑地看着妻子，突然，他脸上表情一转，大声说道："哦，是吴强吧，就是我单位那个人高马大的大老爷们呀！可能是谁没看清，还以为是个女的呢！来，来，好老婆，吃菜啊！"

老公嬉笑着给妻子夹菜，但妻子正在气头上，一下子把丈夫夹来的菜推到一边，厉声说道："别装蒜！那天中午一点半，你和一个穿红衣服的女人！"这下丈夫是真的疑惑了："一点半？穿红衣服？"他低头思索了一阵，肯定地说，"没有，我绝对没有背着你和其他女人约会！如果有，天打五雷轰！"

"你还想骗我，都有人亲眼看见了，你还想抵赖！"妻子气急了，说话都带哭腔，"戴着米色帽子。"丈夫再三思索也想不出来，皱着眉头好一会才抬起头，缓缓地对妻子说："亲爱的，我们先吃饭吧！过了今天这节日，我一定给你说清楚啊！但我敢发誓我绝对没做对不起你的事情。对不起啊，先消消气啊！"妻子细想一下也是，也觉得不应该在节日里闹腾，便自顾自地吃起饭来，丈夫不时夹菜到她碗里。

吃过饭，丈夫主动去洗碗了，妻子这时候则静静地坐在沙发上看电视，心里却是一团乱麻。这时，丈夫轻轻地走过来，对她说："老婆，你还记得咱们前一段时间一起去看电影么？《阿凡达》，你记得那天你戴的什么帽子吗？"这下换成妻子满脸迷惑了，她一抬头，看见衣钩上挂的红帽子，猛地想起什么，跑到衣柜那从柜里抓出一顶米色帽子。

"啊！米色帽子！天啊！我怎么忘记了呢，那天我把红帽子洗了，看电影时就找出这顶旧帽子戴上的，我……我换了这帽子，别人认不清，便……"一场本来快要升级的矛盾就这样化解了。

试想，如果不是丈夫对妻子一再包容，如果他面对妻子无理的质问大发脾气，事情会演变成什么样子。其实，夫妻之间一般不会有太大的矛盾，无非是一些家庭琐事，所以遇到这些矛盾时，只要两个人都能相互体谅，多包容一些，就会很容易解决的。

在夫妻相处的过程中，人们最容易犯的毛病就是，固执己见，一味地站在自己立场上看问题，基于自己狭隘的经验去处理问题，这样，就难免会导致意见不合、争论不休，长此以往，自然会形成潜在的矛盾冲突，使夫妻感情受挫。而那些善于包容的人，因为懂得"退一步天高地阔，让三分心平气和"的处事原则，所以往往能够以一颗宽容的心去面对世间的人和事，面对生活中的悲欢喜乐。

总的来说，幸福家庭不是一个人可以营造出来的，需要所有家庭成员的努力，需要彼此的耐心和爱心，包容和体谅。